五南出版

有機化學的反應機構論

Reaction Mechanisms in Organic Chemistry

第二版

蘇明德 著

五南圖書出版公司 印行

三版序

　　這是本書《有機化學的反應機構論》之第三版印刷。前面閱讀過第一版及第二版的讀者，有不少人向我反映，希望我能將這本書的內容再擴大，因為讀完這本書後，意猶未盡，想知道更多這方面的知識。

　　關於這一點，我想了很久。最後決定仍把這本書照原定的想法定為「入門書」。我會試試看再寫一本更高層級有關反應機構的書。

　　我原本無心播下種子，沒想到會長出幼苗。現在幼苗有長高一點點了。

　　最後，我誠心感謝范惠雅小姐不辭辛勞的打字及畫圖，也很謝謝眾多讀者的E-mail、來電話的鼓勵與支持。更感謝五南文化事業的幫忙，有了他們的大力相助，才會有「第三版」的問世。

作者

蘇明德 謹識

二版序

　　我自從出版這本書《有機化學的反應機構論》後，在過去這幾年裡，收到不少讀者的來信及E-mail。我真的很感謝讀者的熱心回饋，不但指正我這本書的一些錯字及誤印，也好心提供相當有建設性的建議。對於這些種種，我真的很受寵若驚，除了感謝，還是感謝。

　　我原本無心播下種子，沒想到會長出幼苗。

　　最後我衷心感謝范惠雅小姐的打字及畫圖，也感謝眾多讀者和學生的幫忙，尤其是李昱錡和謝嘉真同學幫我多次校對這本書稿。更感謝五南文化事業的協助，正因為有他們的大力相助，這本書才會有「第二版」問世。

作者

蘇明德 謹識

序　言

　　如果有人問我：「有機化學要該從何讀起，才能在最短時間內讀好？」那我一定告訴他：「先把有機化學的反應機構讀好。」只要唸好有機化學的反應機構，成功之路至少走了一半。或許會有人不同意我的看法，但這至少是我的經驗之談，我個人就是先從「反應機構」下手，在極短時間之內，整個有機化學對我而言是一片光明、豁然開朗。

　　因爲要會寫有機反應的「反應機構」，同時必須先懂得有機分子的穩定性、酸鹼性、及各種的有機反應途徑，在一點一滴間，整個有機化學的基礎開始建立，進而穩固，以致茁壯。等到會寫有機反應的「反應機構」，第一個好處就是不須死背眾多的有機化學反應式，但卻能自然而然記住它們，甚至可進而寫出前人所未曾發現過的有機反應。

　　因此，我寫這本書的純粹一個目的——就是希望能在很短時間內，教會初寫者：懂得如何寫好有機反應機構。正因如此，在本書裡，我儘可能去繁存菁，只介紹一般常見及容易寫錯的反應機構。或許有人會質疑，我寫得太少，深度及廣度皆不夠，這點我同意，但因爲考慮到初學者起見，我故意把有機化學的反應機構寫得簡單些，只希望閱讀者仍在最短時間內，了解整個「反應機構」一個粗略的全貌。我將會視大家閱讀完本書後的反應及看法而定，再寫一本更深入探討有機化學反應機構的書。

　　最後，我衷心的感謝眾多人的大力幫忙，這本書才能順利問世。感謝杜佩玲、范惠雅小姐的打字、畫圖，也感謝許正宏博士的文章校對，更感謝五南文化事業的幫忙，使得本書得以順利發表出版。

作者

蘇明德　謹識

目　錄

第一章　Lewis 結構
（Lewis Structures）

§1.1 前言

　　G. N. Lewis教授是二十世紀的偉大化學家之一，他生前的成就至少可拿三次諾貝爾獎，但陰錯陽差地卻沒得到。雖是如此，他所發明的一些化學觀念，如今已深入國中生的腦袋，他的好幾位得意弟子也都拿到諾貝爾化學獎，更使得美國加州大學的Berkeley分校因他而揚名於世。

　　Lewis教授所發明觀念之其中一個，就是後來被世人取名為「Lewis Structure」。所謂「Lewis Structure」就是：

> 　　用「點」（point）代表電子，以表示原子間之結合關係的構造。
> 如：H：H，O：H（或寫成H‧‧H，O‧‧H）。

　　想要學會「有機反應機構」，必先要會寫「Lewis結構」。一切的「有機反應機構」的基本中心思想就是以「Lewis結構」為基礎。在下面單元裡，我們準備從基本動作教起，一步步讓讀者漸漸登堂入室。若是有讀者早已學會「Lewis 結構」的要訣，可以跳開此章，繼續往下看。

§1.2 擁有官能基的分子
（Molecules with Functional Groups）

【規則一】：先寫出分子的骨架。

〔例1-1〕：Methane（甲烷）的分子骨架是

$$\begin{array}{ccc} & H & \\ H & C & H \\ & H & \end{array}$$

　　　　　不可以爲了省空間寫成 H H C H H。

〔例1-2〕：Formic acid（甲酸）的分子骨架是

$$\begin{array}{cccc} & O & & \\ H & C & O & H \end{array}$$

　　　　　不可以爲了省空間寫成 H C O O H。

【規則二】：假設所有的化學鍵都是共價鍵（covalent bond）。

　　　　　當然這一規則有點鬼扯，但在有機化學世界裡，你所碰到的有機分子，將近99.9%都是以「共價鍵」形成鍵結關係，所以在此你可以先不要管「離子鍵」（ionic bond）。隨著經驗的累積，你將會漸漸知道如何使用「離子鍵」。

所謂「共價鍵」：

* 化學鍵的形成是由於原子的電子共用稱之。

* 一般正常的「共價鍵」是由兩個原子各自提供一個電子形成一對「電子對」（electric pair）者。

* 又「共價鍵」可分「非極性鍵」（nonpolar bond）「極性鍵」（polar bond）兩種。

* 「非極性鍵」是指：兩個原子同時共有兩個電子。

　　如：H・・H ⇒ 該二個電子沒有偏向那一邊，故為「非極性鍵」。

* 「極性鍵」是指：兩個鍵結電子比較傾向於靠近陰電性大的原子，所形成的鍵。

　　如：H :Cl（而不是 H: Cl）⇒ 故「極性鍵」具有「離子性」。

【規則三】：計算可用的價電子數（count the available valence electrons）。

　　　　　所謂「價電子數」，是指：原子內最外層的電子數。切記，

　　　　　一般的有機分子常見的元素有下列幾種：

元素	H	C	N	O	F	Cl	Br	Mg	S
價電子數	1	4	5	6	7	7	7	2	6

〔例1-3〕：chloromethane（CH_3Cl）的分子骨架是

$$H \quad \overset{H}{\underset{H}{C}} \quad Cl$$

　　　　　它的可用「價電子數」為：

$$3個H \rightarrow 3 \times 1e = 3e$$

$$1個C \rightarrow 1 \times 4e = 4e$$

$$1個Cl \rightarrow 1 \times 7e = 7e$$

$$14e$$

〔例1-4〕：methanol（甲醇）的分子骨架是

$$H \quad C \quad O \quad H$$

（上方與下方各有一個 H）

它的可用「價電子數」為：

$$4個H \rightarrow 4 \times 1e = 4e$$

$$1個C \rightarrow 1 \times 4e = 4e$$

$$1個O \rightarrow 1 \times 6e = 6e$$

$$14e$$

【規則四】：將電子數或化學單鍵填在分子骨架上，使得分子骨架上的每一個原子的周圍電子數剛好八個（但H原子除外，可以只有2個的電子）。

＊上述規則即要求原子的最外層「價電子數」為8個，故又稱「八隅 體規則」（octet rule）。

＊原則上，原子易於得到、失去或共同擁有電子，之所以如此目的是為了：使其電子結構和惰氣的電子結構一樣，如此一來，原子才能穩定下來。

＊但「八隅體規則」有例外：

如：H原子的最外層「價電子數」只要2個，就可以穩定

了。

　　又如：一些例子可見§1.4。

〔例1-5〕：chloromethane（CH_3Cl）的分子骨架是

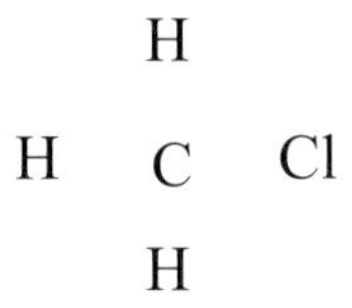

$$
\begin{array}{ccc}
 & H & \\
H & C & Cl \\
 & H &
\end{array}
$$

按照【規則四】，將電子數及化學鍵單鍵填入上述的分子骨架，成為

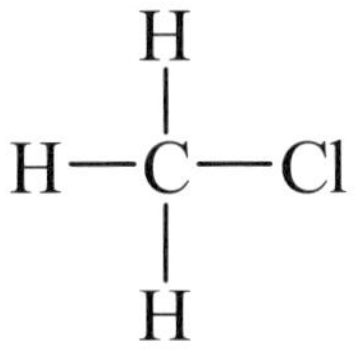

$$
\begin{array}{c}
H \\
| \\
H-C-Cl \\
| \\
H
\end{array}
$$

現在算一算每個原子周圍的電子數：

　　　　H 原子：2e

　　　　C 原子：2e×4單鍵＝8e

　　　　Cl原子：2e×1單鍵＝2e

可見Cl原子不符合「八隅體規則」，故必須再加入電子，使它的周圍電子數剛好滿8個。

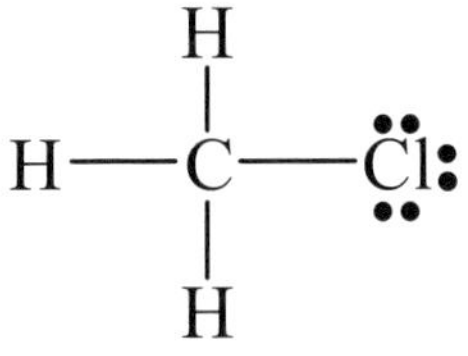

$$
\begin{array}{c}
H \\
| \\
H-C-\ddot{\underset{..}{Cl}}: \\
| \\
H
\end{array}
$$

故這些‧‧的電子，又稱為「未共用的電子」（unshared electrons）。在此，Cl原子的「未共用電子數」為六個。

〔例1-6〕：methanol（CH_3OH）的分子骨架

$$
\begin{array}{c}
\text{H} \\
\text{H} \quad \text{C} \quad \text{O} \quad \text{H} \\
\text{H}
\end{array}
$$

填入化學鍵，可成為

$$
\begin{array}{c}
\text{H} \\
| \\
\text{H——C——O——H} \\
| \\
\text{H}
\end{array}
$$

為了滿足「八隅體規則」，必須再填入「未共用電子」，故成為

$$
\begin{array}{c}
\text{H} \\
| \\
\text{H——C——}\overset{\cdot\cdot}{\underset{\cdot\cdot}{\text{O}}}\text{——H} \\
| \\
\text{H}
\end{array}
$$

【規則五】：先計算「Lewis結構」的電子數，然後和【規則三】的可
　　　　　　用「價電子數」相比較。如果二者數值相同，代表你寫的
　　　　　　「Lewis結構」是正確的。

〔例1-7〕：由前面的〔例1-5〕，我們已知chloromethane的「Lewis結構」

為

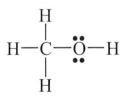

它共含

$$4個單鍵 \rightarrow 4 \times 2e = 8e$$

$$6個未共用電子 \rightarrow 6e$$

$$14e$$

而依據【規則三】，CH_3Cl的可用「價電子數」為14e。（見〔例1-3〕）

⇒ 二者數值相較，都是14e，因此上述的「Lewis結構」是正確無誤。

〔例1-8〕：由〔例1-6〕，我們已知chloromethane的「Lewis結構」為

它共含

$$5個單鍵 \rightarrow 5 \times 2e = 10e$$

$$4個未共用電子 \rightarrow 4e$$

$$14e$$

而依據【規則三】，CH$_3$OH的可用「價電子數」爲14e。

（見〔例1-4〕）

⇒ 二者數值相較，都是14e，因此上述的「Lewis結構」是對的。

瞭解上述的五大規則後，接下來的例題，可以測驗你是否懂得如何正確的寫出「Lewis結構」：

例 1-9

Dimethylether（C$_2$H$_6$O）

【規則一】Dimethyl ether的分子骨架是

$$\begin{array}{ccccc} & H & & H & \\ H & C & O & C & H \\ & H & & H & \end{array}$$

【規則三】可用「價電子」數爲

H →

C →

O →

_____

【規則四】依據「八隅體」論，dimethyl ether的「Lewis結構」爲

$$
\begin{array}{ccccc}
\text{H} & & & & \text{H} \\
\text{H} & \text{C} & \text{O} & \text{C} & \text{H} \\
\text{H} & & & & \text{H}
\end{array}
$$

【規則五】上述「Lewis結構」共含「價電子」數為：

　　　　個單鍵 ─────────▶

　　　　個未共用電子數 ─▶

────────────────────

∴比較【規則三】及【規則五】，可知上述的「Lewis結構」是

解

　　【規則一】：

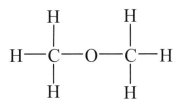

　　【規則三】：

$$
\begin{array}{l}
\text{H} \rightarrow 6 \times 1e = 6e \\
\text{C} \rightarrow 2 \times 4e = 8e \\
\text{O} \rightarrow 1 \times 6e = 6e \\
\hline
\qquad\qquad\qquad 20e
\end{array}
$$

【規則四】：

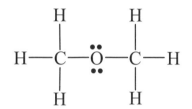

【規則五】：

個單鍵 ⟶ 8×2e＝16e

個未共用電子數 → 2×2e＝4e

_____

20e

「Lewis結構」是：

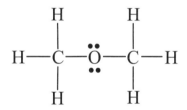

例 1-10

Methylamine（CH_3NH_2）

【規則一】Methylamine的分子骨架是

$$\begin{matrix} & H & & H \\ H & C & N & \\ & H & & H \end{matrix}$$

【規則三】可用的「價電子」數為

H →

C →

N →

_____

【規則四】依據「八隅體」論，methylamine的「Lewis結構」為

H   H

H C N

H   H

【規則五】上述的「Lewis結構」，共含「價電子」數為：

個單鍵 ──────────────▶

個未共用電子數 →

_____

∴比較【規則三】及【規則五】，可知上述的「Lewis結構」是

解

【規則一】：

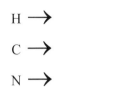

【規則三】：

$$H \rightarrow 5 \times 1e = 5e$$

$$C \rightarrow 1 \times 4e = 4e$$

$$N \rightarrow 1 \times 5e = 5e$$

$$\overline{14e}$$

【規則四】：

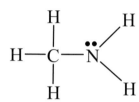

【規則五】：

個單鍵 ───────→ $6 \times 2e = 12e$

個未共用電子數 → $1 \times 2e = 2e$

$$\overline{14e}$$

「Lewis結構」是：

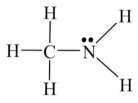

例 1-11

Methanethiol（CH$_4$S）

【規則一】Methylamine的分子骨架是

$$
\begin{array}{ccccc}
 & \text{H} & & & \\
\text{H} & \text{C} & \text{S} & \text{H} \\
 & \text{H} & & &
\end{array}
$$

【規則三】可用的「價電子」數爲

$$\text{H} \longrightarrow$$

$$\text{C} \longrightarrow$$

$$\text{S} \longrightarrow$$

_____

【規則四】依據「八隅體」論，methylamine的「Lewis結構」爲

$$
\begin{array}{ccccc}
 & \text{H} & & & \\
\text{H} & \text{C} & \text{S} & \text{H} \\
 & \text{H} & & &
\end{array}
$$

【規則五】上述的「Lewis結構」，共含「價電子」數爲：

個單鍵 $\longrightarrow$

個未共用電子數 $\longrightarrow$

_____

∴比較【規則三】及【規則五】，可知上述的「Lewis結構」是

解

【規則一】：

$$H-\overset{\overset{\displaystyle H}{|}}{\underset{\underset{\displaystyle H}{|}}{C}}-S-H$$

【規則三】：

$$H \rightarrow 4\times 1e = 4e$$

$$C \rightarrow 1\times 4e = 4e$$

$$S \rightarrow 1\times 6e = 6e$$

$$\overline{\qquad\qquad 14e}$$

【規則四】依據「八隅體」論，methylamine的「Lewis結構」為

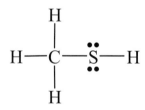

【規則五】上述的「Lewis結構」，共含「價電子」數為：

個單鍵 $\longrightarrow 5\times 2e = 10e$

個未共用電子數 $\rightarrow 2\times 2e = 4e$

$$\overline{\qquad\qquad 14e}$$

「Lewis結構」是：

$$H-\overset{\overset{\displaystyle H}{|}}{\underset{\underset{\displaystyle H}{|}}{C}}-\overset{\cdot\cdot}{\underset{\cdot\cdot}{S}}-H$$

§1.3 未飽和分子（Unsaturated Molecules）

　　所謂「未飽和分子」，就是指含有「多重鍵」（multiple bond，像是雙鍵，參鍵）的分子。

【規則六】：當你所畫出的「Lewis結構」之「價電子」數多於該分子的可用「價電子」數時（即【規則五】的數值＞【規則三】的數值），這代表著你原先畫的「Lewis結構」不對，必須加添「多重鍵」（可能是雙鍵或者參鍵）。通常是在含有「未共用電子對」的原子間加入「多重鍵」。

〔例1-12〕：Ethylene（C_2H_4）

　　【規則一】Ethylene的分子骨架是

$$
\begin{array}{cc}
H & H \\
C & C \\
H & H
\end{array}
$$

　　【規則三】可用的「價電子」數為

$$4個H \rightarrow 4 \times 1e = 4e$$

$$1個C \rightarrow 2 \times 4e = 8e$$

$$\overline{\qquad\qquad\qquad 12e}$$

　　【規則四】依據「八隅體」論，Ethylene的「Lewis結構」為

又爲了滿足每個原子（除H原子外）的周圍電子數

必須是八個，故畫成

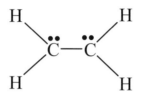

【規則五】上述的「Lewis結構」，共含有「價電子」數

5個單鍵 ⟶ $5×2e＝10e$

2對未共用電子對 ⟶ $2×2e＝\ \ 4e$

$14e$

∴比較【規則三】及【規則五】，前者12e，後者14e，可知上

述的「Lewis結構」是不對的。

故正確的作法，就是採行【規則六】，在二個C原子間改寫爲

雙鍵：

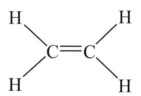

如此一來，每個原子（除H原子外）的周圍電子數恰爲8個，

滿足「八隅體」論。且上述的「Lewis結構」，共含「價電

子」數：

6個單鍵 ⟶ $6×2＝12e$

（嚴格的說法，應是：5個σ鍵及1個π鍵）

這和先前【規則三】的可用「價電子」數12e相同，故上述的

「Lewis結構」才是Ethylene分子的正確寫法。

- -

〔例1-13〕：Formaldehyde（CH_2O）

【規則一】Formaldehyde的分子骨架是

H

C　　O

H

【規則三】可用的「價電子」數為

$$2個H→2×1e＝2e$$

$$1個C→1×4e＝4e$$

$$1個O→1×6e＝6e$$

$$12e$$

【規則四】依據「八隅體」論，Formaldehyde的「Lewis結

構」為

【規則五】上述的「Lewis結構」，共含「價電子」數

$$3個單鍵　　　→3×2e＝6e$$

$$4對未共用電子對→4×2e＝8e$$

$$14e$$

故比較【規則三】及【規則五】，前者12e，後者14e，可知上述的「Lewis結構」是不對的。

∴改採【規則六】，在含未共用電子對的元子間加入「多重鍵」，即寫成

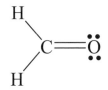

如此一來，每個原子（除H原子外）的周圍電子數恰為八個，滿足「八隅體」論。且上述的「Lewis結構」，共含價電子數：

4個單鍵　　　→4×2e＝ 8e

↑

（嚴格說法，應是3個σ鍵及1個π鍵）

2個未共用電子對→2×2e＝ 4e

12e

這和先前的【規則三】的可用「價電子」數12e相同，故上述的「Lewis結構」才是Formaldehyde的正確寫法。

- -

〔例1-14〕：Acetonitrile（CH_3CN）

【規則一】Acetonitrile的分子骨架是

H

H C C N

H

【規則三】可用「價電子」數為

$$3個H \rightarrow 3 \times 1e = 3e$$

$$2個C \rightarrow 2 \times 4e = 8e$$

$$1個N \rightarrow 1 \times 5e = 5e$$

$$16e$$

【規則四】依據「八隅體」論，acetonitrile的「Lewis結構」為

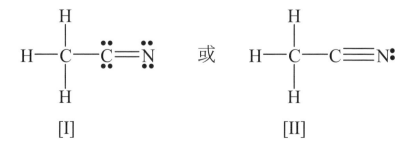

【規則五】上述的「Lewis結構」，共含「價電子」數

$$5個單鍵 \rightarrow 5 \times 2e = 10e$$

$$5對未共用電子對 \rightarrow 5 \times 2e = 10e$$

$$20e$$

故比較【規則三】及【規則五】，前者16e，後者20e，顯然的上述「Lewis結構」是不對的。

∴改採【規則六】，在含有未共用電子對的原子間加入「多重鍵」，即寫成

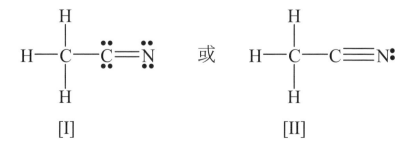

但[I]的結構可證明含「價電子」數18e，而[II]的結構則證明含「價電子」數為16e，故[II]的寫法才是Acetonitrile的「Lewis結構」正確寫法。

〔例1-15〕：Formic acid（HCOOH）

【規則一】Formic acid的分子骨架是

O

H　C　O　H

【規則三】可用的「價電子」數為

2個H→2×1e＝ 2e

1個C→1×4e＝ 4e

2個O→2×6e＝12e

_____

18e

【規則四】依據「八隅體」論，Formic acid的「Lewis結構」為

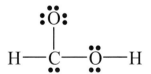

【規則五】上述的「Lewis結構」，共含「價電子」數

4個單鍵　　　　→4×2e＝ 8e

6對未共用電子對→6×2e＝12e

_____

20e

故比較【規則三】及【規則五】，前者18e，後者20e，顯然的
上述「Lewis結構」是不對。

∴改採【規則六】，在含有未共用電子對的原子間加入「多重
　鍵」，即寫成

[I]　　　　　　　　　　　　[II]

但[I]的結構可證明含「價電子」數18e，而[II]的結構也可證
明含「價電子」數18e，故[I]和[II]結構皆可認為Formic acid之
「Lewis結構」正確寫法。

雖然如此，一般說來，我們會認為[I]結構才是真正的Formic
acid之「Lewis結構」。理由是[I]結構的二個O原子各含二對
「未共用電子對」;而[II]結構的二個O原子，則其中一個含
三對，另一個含一對「未共用電子對」。顯然的，後者[II]結
構的「價電子」數分配不均，有違大自然常理；在後面章節
裡，我們還會再證明[II]結構還存在著「電荷分離」（charge
separation）的缺點。於是，由於上述這些理由，我們認為[I]
結構才是真正的Formic acid之「Lewis結構」。

在進入下一單元之前，我們在此稍微總結如下：

一般說來，C、N、O三種原子在含有「多重鍵」時，也必須滿足「八

隔體」論，那麼它們的「Lewis結構」形式如下表所示：

	只含單鍵	含雙鍵	含參鍵
C原子	d—C—b（上a，下c）	Z＝C（下a、b）	a—C≡Z
N原子	c—N—a（上無，下b）	Z＝N:（下a）	N̈≡Z
O原子	b—Ö—a	Ö＝Z	——

§1.4 「八隅體」論的一些例外
（Exceptions to the Octet Rule）

　　有些會穩定存在的分子，卻不遵守「八隅體」論，我們找幾個有機化學
裡較常碰見且較重要的例子，介紹如下：

〔例1-16〕：Aluminum trichloride和Boron trifluoride的中心原子只含六個
　　　　　　「價電子」，雖違反「八隅體」論，但卻都是會穩定存在的分
　　　　　　子。

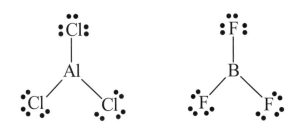

　　雖然上述的AlCl₃和BF₃分子在恰當條件下，會穩定的存在著，化學家卻稱這樣「缺電子」的分子為「Lewis酸」（Lewis acid）。所謂「缺電子」，是說它們的中心原子只含6個「價電子」，比起「八隅體」論所要求的八個「價電子」，還少了二個「價電子」。「Lewis酸」最喜歡和願意提供電子對的分子（稱為「Lewis鹼」，「Lewis base」）作用，生成「中性分子」。

〔例1-17〕：

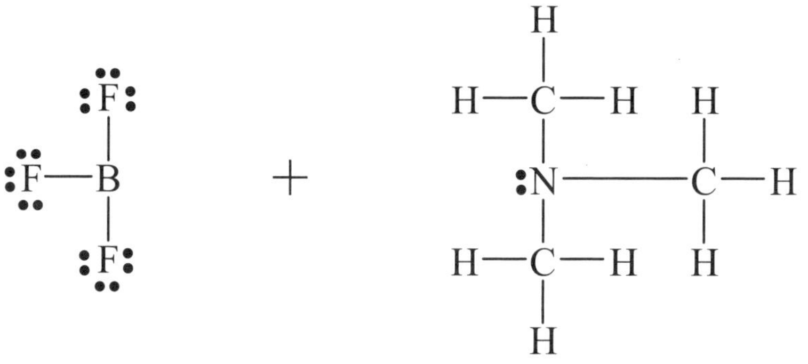

（Lewis酸）　　　　　　　　（Lewis鹼）

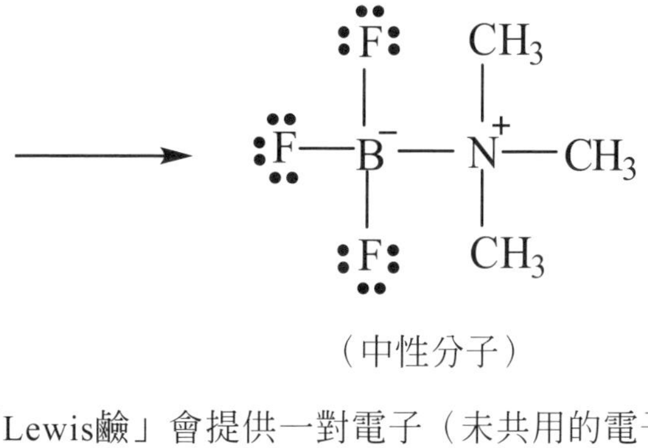

（中性分子）

　　＊由本例可知：「Lewis鹼」會提供一對電子（未共用的電子對）給缺電子的「Lewis酸」，以形成「中性分子」。

＊本例右邊「中性分子」含有＋，－電荷符號，這是依據「形
式電荷」（formal charge）得到的，我們會在§1.6介紹它的
概念。

- -

〔例1-18〕：還有許多穩定分子，它們中心原子的周圍「價電子」數超過
「八隅體」論所要求的八個「價電子」。

　　如：sulfate ion（SO_4^{2-}）就是最佳例子。

請注意，中心S原子含12
個「價電子」，雖違反
「八隅體」論，SO_4^{2-}卻
是個穩定的離子！

- -

〔例1-19〕：又如DNA（去氧核醣核酸）的「磷基部位」（phosphate
linkage）之「Lewis結構」寫為

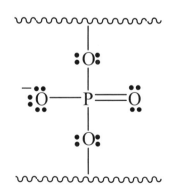

請注意，中心P原子含10個「價電子」，雖違反「八隅體」

論，但DNA是個穩定分子！

§1.5 大分子

到目前為止，我們所介紹的分子系統都是小分子系統，碰到寫大分子

的「Lewis結構」，上述的分析法則會寫的很累。但畢竟有機化學原本會涉

及到大分子情況，我們還是必須得面對現實。好在有機反應只會發生在含有

「官能基」的關鍵部位，因此在寫有機反應機構時，我們只把注意力擺在

「官能基」上，至於其他無關緊要的部位，可用簡寫符號一筆帶過。

像是：

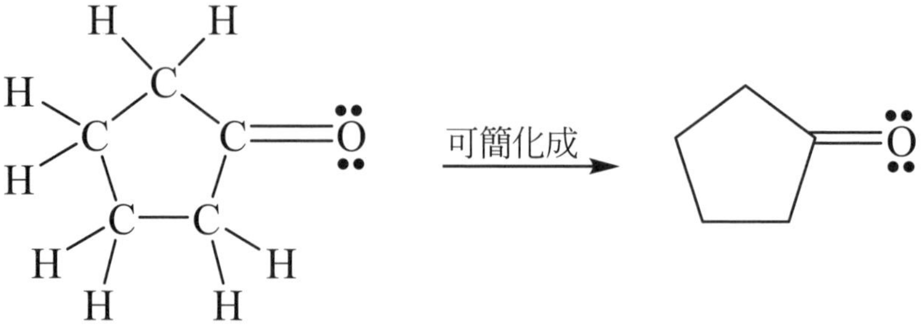

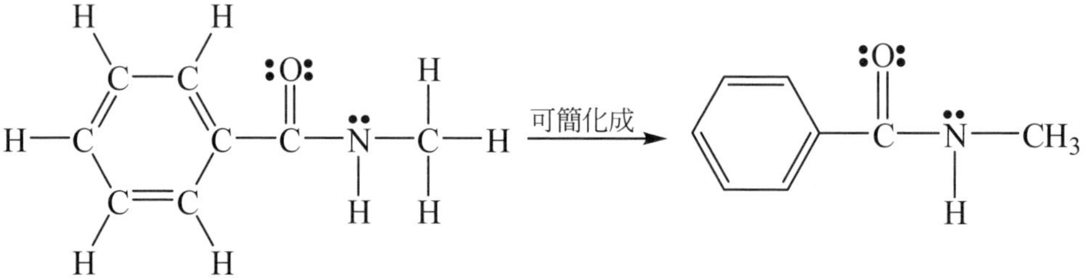

有的有機課本會更進一步的簡化，甚至連「未共用電子對」也不寫，於是得到以下之簡寫：

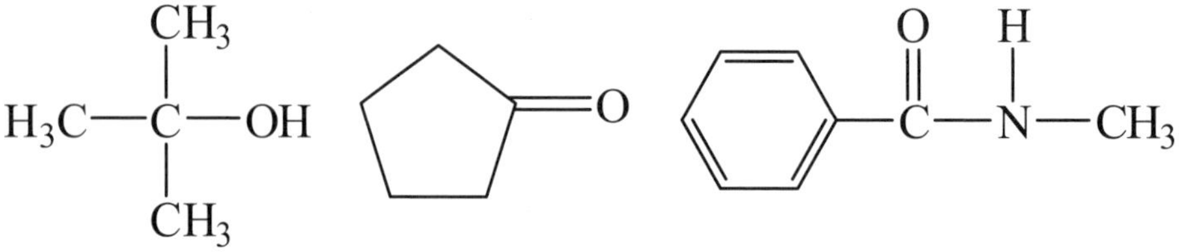

有時我們也會將「烷基」（alkyl group）用英文字母R表達；而「芳香基」（aromatic group）用英文字母Ar表示。於是，以下的有機分子簡化成：

〔例1-20〕：

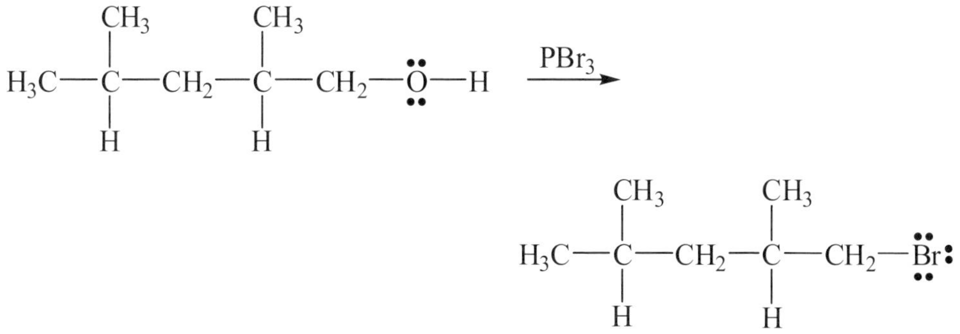

簡化成

在此R代表

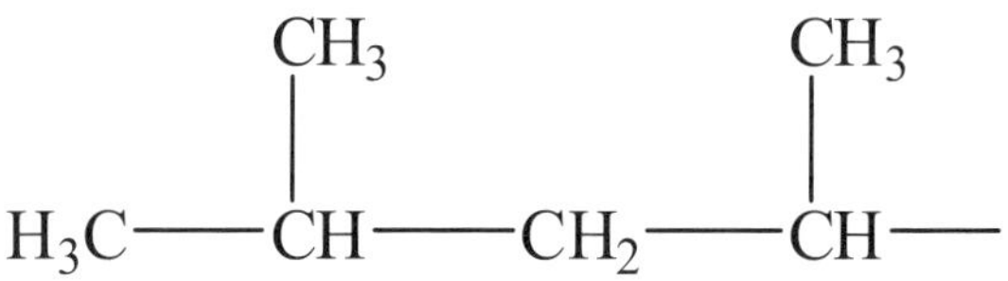

〔例1-21〕：

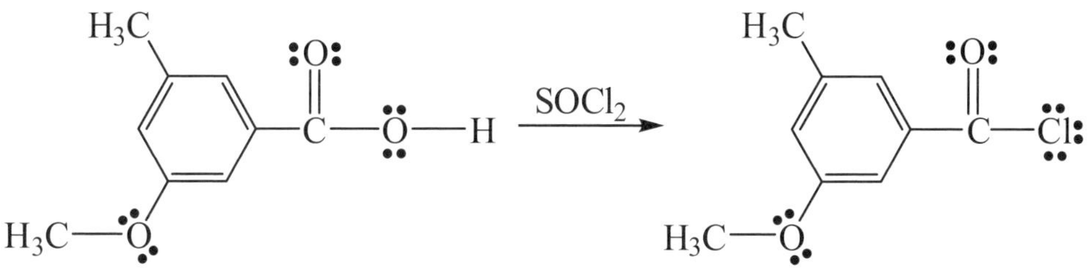

簡化成

$$Ar—\overset{\overset{\displaystyle :\ddot{O}:}{\|}}{C}—\overset{\displaystyle \ddot{O}}{}—H \xrightarrow{\text{SOCl}_2} Ar—\overset{\overset{\displaystyle :\ddot{O}:}{\|}}{C}—\ddot{\underset{\displaystyle ..}{Cl}}:$$

在此Ar代表

H₃C、／CH₃的苯環，H₃C—$\overset{..}{\underset{..}{O}}$—取代

〔例1-22〕：Benzyldimethylamine（$C_6H_5CH_2N(CH_3)_2$）

【規則一】Benzyldimethylamine 的分子骨架是

$$\bigcirc—CH_2 \quad N \quad \overset{\displaystyle CH_3}{\underset{\displaystyle CH_3}{}}$$

【規則三】可用的「價電子數」為

　　1個benzyl基（即Ar-CH₂）　→1×1e

　　2個CH₃基　　　　　　　　→2×1e

　　1個N原子　　　　　　　　→1×5e

　　_____

　　　　　　　　　　　　　　　　8e

【規則四】依據「八隅體」論，Benzyldimethylamine的「Lewis結構」為

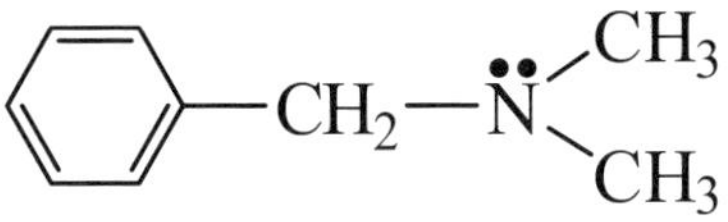

$$$$

【規則五】上述的「Lewis結構」，「價電子」數

3個單鍵（以N為中心）　　→3×2e

1對未共用電子對N原子　　→1×2e
_____

8e

故比較〔規則三〕與〔規則五〕，皆為8e，可知上述的

「Lewis結構」是對的。

【練習題】

例 1-23

2-phenyl-2-hexanol

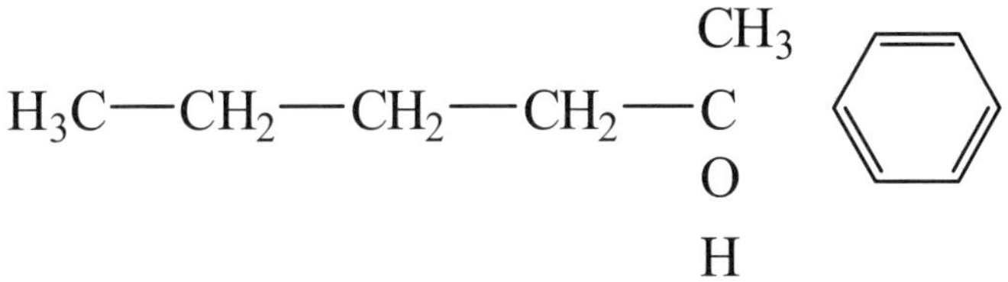

解

2-phenyl-2-hexanol

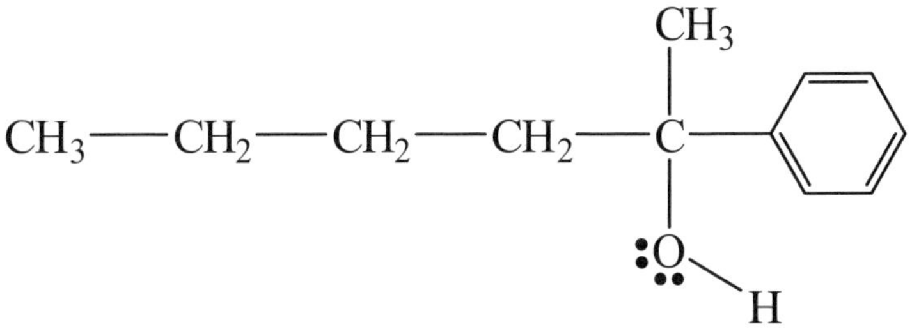

例 1-24

Furan

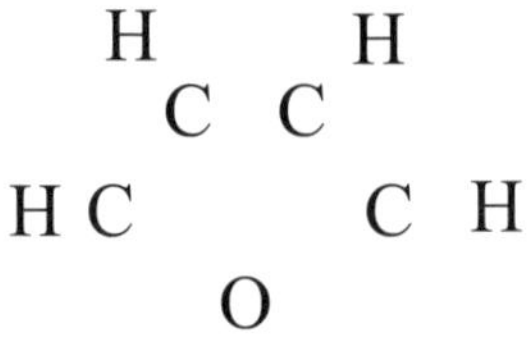

$$\begin{array}{ccc} & H & & H \\ & C & C & \\ H\ C & & & C\ H \\ & & O & \end{array}$$

解

Furan

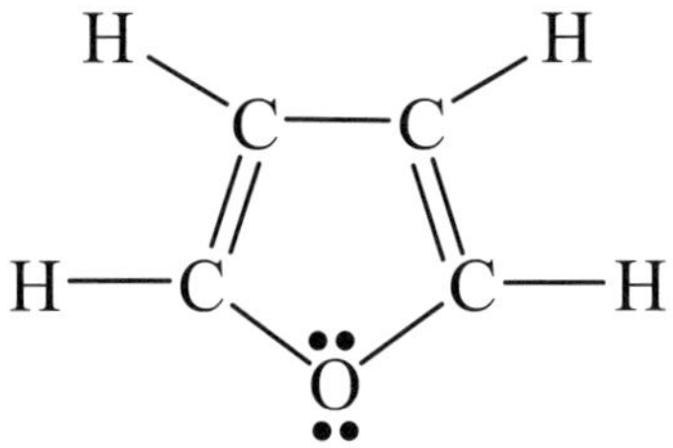

例 1-25

Benzophenone phenylhydrazone

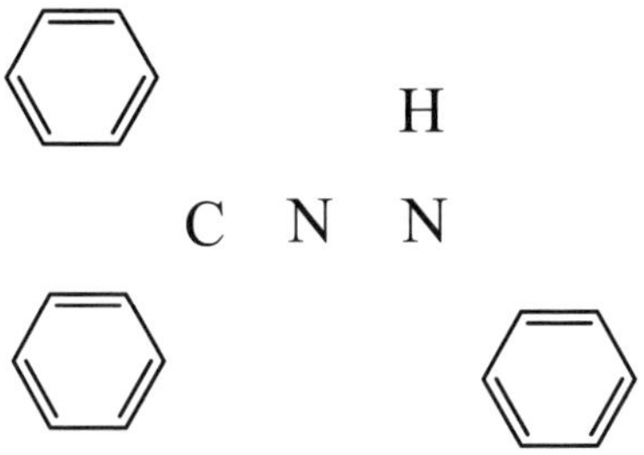

解

Benzophenone phenylhydrazone

例 1-26

Azobene

 解

Azobene

例 1-27

Methylbenzimiddate

$$\text{N} \quad \text{H}$$

$$\text{C} \quad \text{O} \quad CH_3$$

解

Methylbenzimiddate

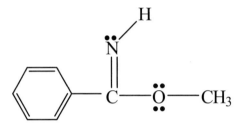

例 1-28

Phenyl methyl ketone (acetophenone)

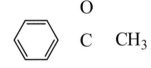

解

Phenyl methyl ketone （acetophenone）

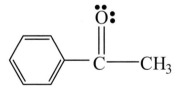

§1.6 形式電荷（**Formal charge**）

「形式電荷」是一種利用原子均分共用電子的電子結構所計算出來的電荷。比如說，若將N-O鍵之電子平均共用於N和O之間，我們可以形式上把鍵的一半電子指定給N，另一半電子指定給O，如此一來，該分子中的N形式上只有4個電子，比自由N原子少一個電子，故稱此時的N具有+1的「形式電荷」；同理可知，O的「形式電荷」為-1，比自由O原子多了一個電荷。

求算Formal Charge的公式：

某原子的「形式電荷」＝

$$原子本身的電子數 － \left(\frac{共用的電子數}{2}\right) － 未共用價的電子數$$

〔例1-29〕：

$$\begin{array}{c} \text{H} \\ | \\ \text{H—C—}\overset{\displaystyle ..}{\text{O}}\text{—H} \\ | \quad | \\ \text{H} \quad \text{H} \end{array} \Rightarrow$$

C的「形式電荷」為 ＝ $4-8/2-0=0$

O的「形式電荷」為 ＝ $6-6/2-2=+1$

H的「形式電荷」為 ＝ $1-2/2-0=0$

故我們若把「形式電荷」畫在「Lewis結構」上，可得：

$$\begin{array}{c} \text{H} \\ | \\ \text{H—C—}\overset{\displaystyle ..}{\underset{}{\text{O}}}{}^{+}\text{—H} \\ | \quad | \\ \text{H} \quad \text{H} \end{array}$$

- -

〔例1-30〕：Nitrobenzene（$C_6H_5NO_2$）

依據前面§1.2的五大規則，我們可以得到如下的「Lewis結構」：（在未看之前，請試著先作一遍，核對你的答案。）

（你對了嗎？不對的話，

再回頭把§1.2重讀一遍！）

N的「形式電荷」為 $= 5 - \dfrac{8}{2} - 0 = +1$

上面的O的「形式電荷」為 $= 6 - \dfrac{4}{2} - 4 = 0$

下面的O的「形式電荷」為 $= 6 - \dfrac{2}{2} - 6 = -1$

故我們若把「形式電荷」畫在「Lewis結構」上，可得：

【練習題】

例 1-31

nzenesulfonic acid

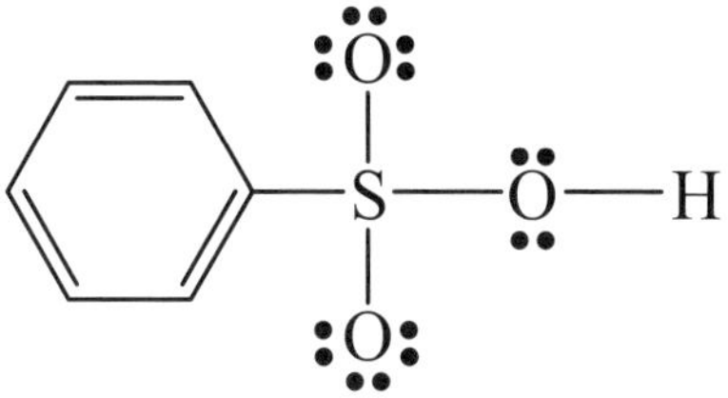

解

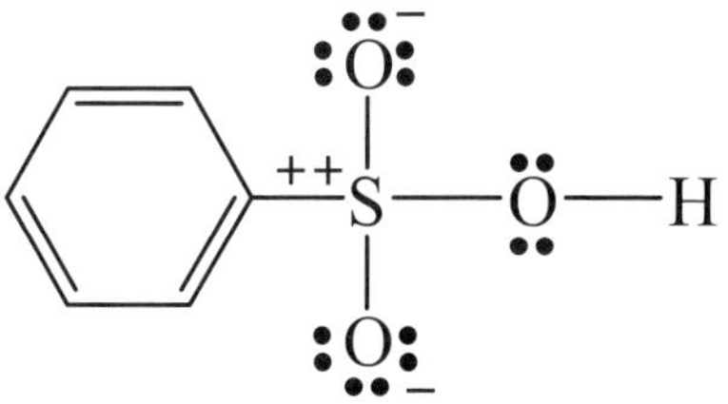

例 1-32

N-methylbenzenesulfonamide

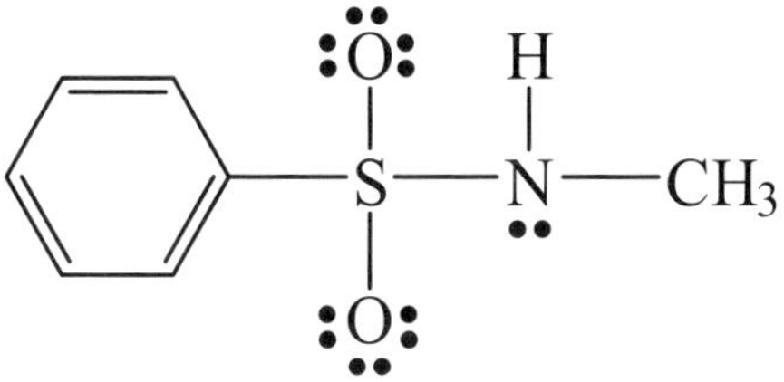

解

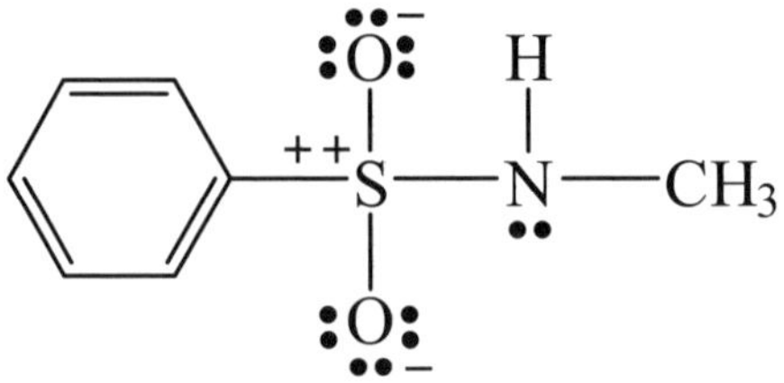

例 1-33

Ethylidenetriphenylphosphorane (an ylide)

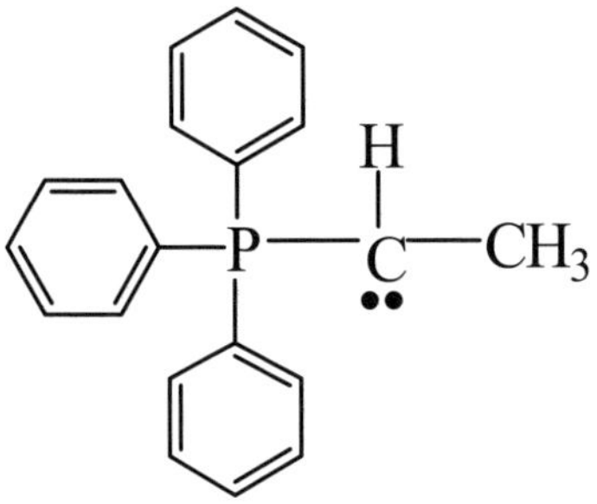

解

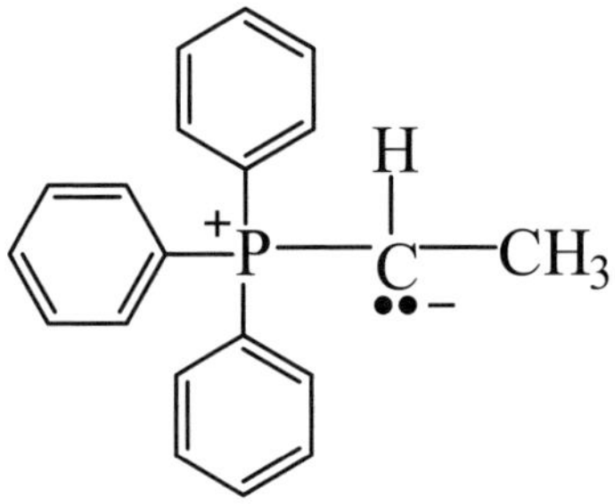

例 1-34

Diazomethane

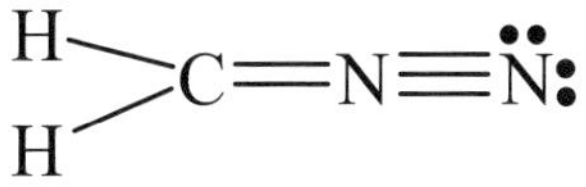

$$H-C=N\equiv\overset{..}{N}:$$
(with two H on the carbon)

解

$$H-C=\overset{+}{N}\equiv\overset{..}{\underset{..}{N}}:^{-}$$

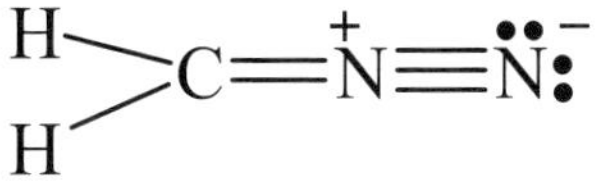

例 1-35

Phenylisocyanide

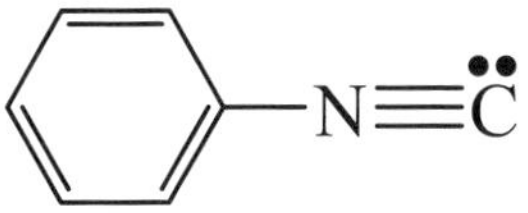

Ph$-N\equiv\overset{..}{C}$

解

Ph$-\overset{+}{N}\equiv\overset{..}{C}{}^{-}$

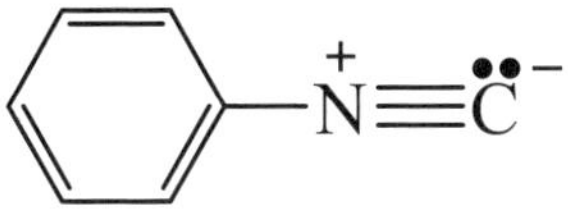

例 1-36

Methylazide

$$H-\overset{\overset{\displaystyle H}{|}}{\underset{\underset{\displaystyle H}{|}}{C}}-\overset{..}{\underset{..}{N}}-N\equiv\overset{..}{N}$$

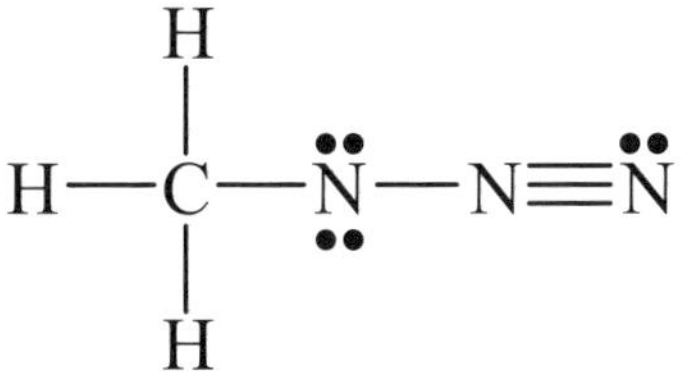

解

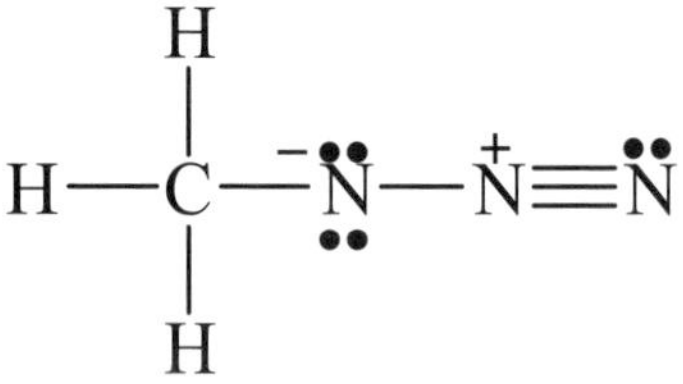

例 1-37

Phenylcyanide (benzyonitrile)

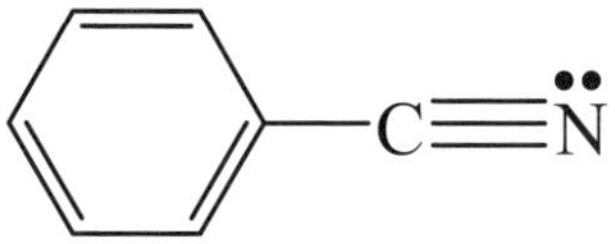

解

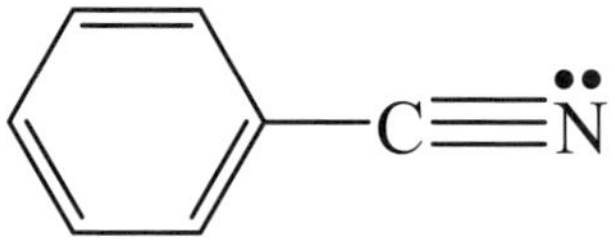

（formal charge is zero on all atoms）

§1.7 離子（Ions）

　　由於有機反應，不可避免地會涉及到和離子相關的反應，所以我們有必要開闢一個新的單元來介紹它。

一、陽離子（cations）

　　舉例來說，由〔例1-5〕可知，Chloromethane （CH3Cl） 的「Lewis結構」為：

設若現在C-Cl斷鍵，Cl原子因爲陰電性較C的陰電性大，故帶走斷鍵的兩個電子，形成

[I]

　　在進行下一步說明之前，我們先來介紹寫有機反應的必備幾項基本動作：

（1）　箭頭尾端必須放在起始的電子對上。

⟹故 H_3C—$\ddot{Cl}$：（對），H_3C—$\ddot{Cl}$：（錯）

（2）　箭頭尖端必須放在電子移動後的目的地。

　　　也就是說，箭頭的尾端一定是從電子對出發。

（3）　⌒↘ 代表一對（或說兩個）電子在移動。

　　　⌒↘ 或 ⌣↗ 代表只有一個電子在移動。

　　我們再回頭看上述 [I] 之CH_3Cl的斷鍵反應。

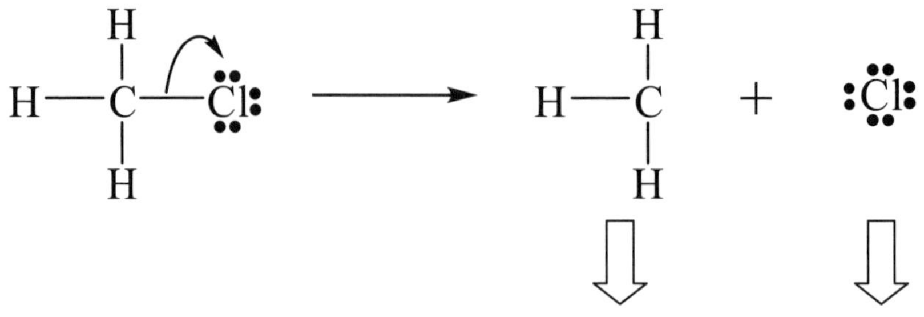

C的「形式電荷」 Cl的「形式電荷」

為 $=4-\dfrac{6}{2}-0=+1$ 為 $=7-8-0=-1$

將反應後的「形式電荷」畫在上述反應的「Lewis結構」上，可得：

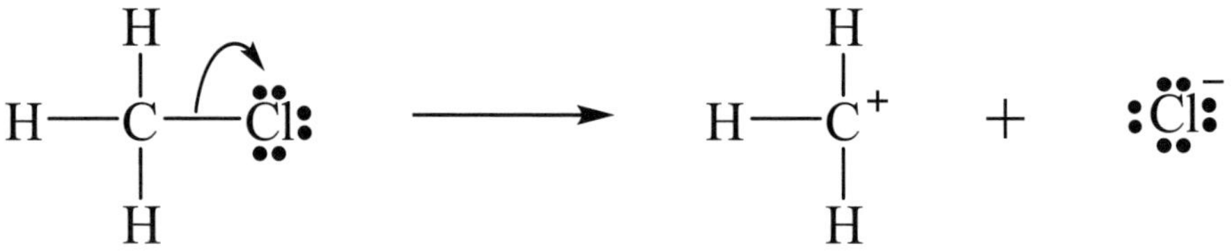

〔例1-38〕：n-propyl cation的形式

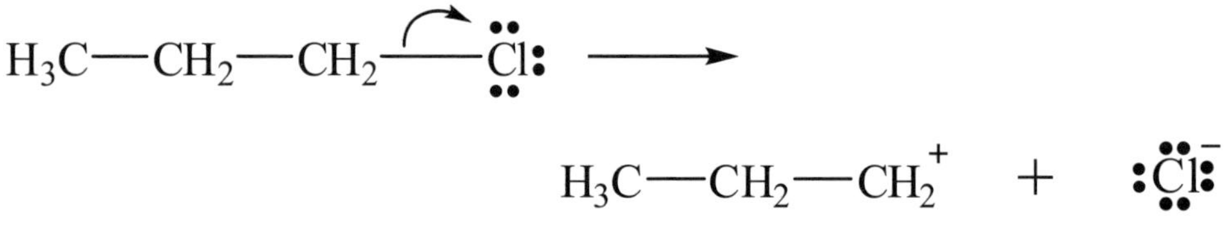

〔例1-39〕：isopropylcation的形式

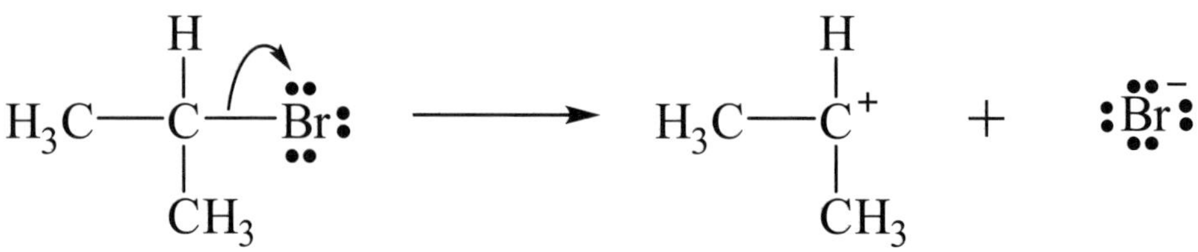

〔例1-40〕：cyclopentylcation的形式

又舉例來說，Methanol（CH_3OH，甲醇）和一個質子（proton，寫為 H^+）作用，可得以下反應：

請注意：依據P1-39上面的三大原則，絕不能寫成：

也就是說，箭頭的尾端一定是從電子對出發才對！

C的「形式電荷」為 $=4-\dfrac{8}{2}-0=0$

O的「形式電荷」為 $=6-\dfrac{6}{2}-1=+1$

H的「形式電荷」為 $=1-\dfrac{2}{2}-0=+0$

於是若把反應後的「形式電荷」畫在「Lewis結構」上，可得：

$$H_3C-\overset{\overset{\displaystyle H}{|}}{\underset{\cdot\cdot}{C}}\overset{+}{{}}-H$$

〔例1-41〕：Diethylether（C_2H_5-O- C_2H_5）和一個質子（H^+）的作用反應為

$$H_3C-CH_2-\overset{\cdot\cdot}{\underset{\cdot\cdot}{O}}\overset{\curvearrowright H^+}{{}}-CH_2-CH_3 \longrightarrow$$

$$H_3C-CH_2-\overset{\overset{\displaystyle H}{|}}{\underset{\cdot\cdot}{O}}\overset{+}{{}}-CH_2-CH_3$$

〔例1-42〕：Tetrahydrofuran和質子（H^+）的作用反應為

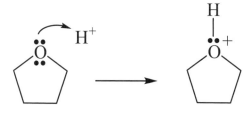

〔例1-43〕：Methylamine（甲胺）和質子（H^+）的作用反應為

$$XH_3-\overset{\cdot\cdot}{\underset{\displaystyle H}{N}}\overset{\curvearrowright H^+}{{}}-H \longrightarrow CH_3-\overset{\overset{\displaystyle H}{|}}{\underset{\displaystyle H}{N}}\overset{+}{{}}-H$$

請注意：讀者看了上述幾個「陽離子」的反應機構，可以知道：

（I）N或O原子上的一對「未共用電子對」（所以稱之爲「Lewis鹼」）去攻擊缺電子的質子（H^+）（所以此缺電子的H^+稱之爲「Lewis酸」）。

由此可見，上述的幾個和H^+作用的反應，事實上，說穿了只不過前面〔例1-17〕所介紹的

Lewis酸　＋　Lewis鹼﹕ ⟶ 中性分子

之反應罷了。

（II）我們再強調一次：

箭頭的尾端一定開始於一對電子（可能是預備斷鍵的一對電子，或者一對未共用得電子）。

箭頭的尖端一定是電子移動之最終目的地。

〔例1-44〕：pyrinide和質子（H^+）的作用反應爲

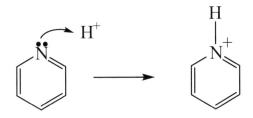

二、陰離子（Anions）

舉例來說，methyl lithium 的「Lewis結構」為

$$
\begin{array}{c}
\text{H} \\
| \\
\text{H} — \text{C} — \text{Li} \\
| \\
\text{H}
\end{array}
\Rightarrow \text{這時}
\begin{cases}
\text{C的「形式電荷」為} = 4 - \dfrac{8}{2} - 0 = 0 \\[2mm]
\text{Li的「形式電荷」為} = 1 - \dfrac{2}{2} - 0 = 0 \\[2mm]
\text{H的「形式電荷」為} = 1 - \dfrac{2}{2} - 0 = 0
\end{cases}
$$

設若現在C－Li斷鍵，由於C的陰電性大於Li的陰電性，以致於斷鍵後的兩個電子仍留在C原子上，Li原子不帶走任何一個電子，就離開了。

即成為：

$$
\begin{array}{c}
\text{H} \\
| \\
\text{H} — \text{C} — \text{Li} \\
| \\
\text{H}
\end{array}
\longrightarrow
\begin{array}{c}
\text{H} \\
| \\
\text{H} — \text{C}: \\
| \\
\text{H}
\end{array}
+ \quad \text{Li}
$$

C的「形式電荷」為

$$= 4 - \dfrac{6}{2} - 2 = -1$$

Li的「形式電荷」

$$為 = 1 - 0 - 0 = +1$$

將反應後的「形式電荷」畫在上述反應的「Lewis結構」上，可得：

$$
\begin{array}{c}
\text{H} \\
| \\
\text{H} — \text{C} — \text{Li} \\
| \\
\text{H}
\end{array}
\longrightarrow
\begin{array}{c}
\text{H} \\
| \\
\text{H} — \text{C}:^{-} \\
| \\
\text{H}
\end{array}
+ \quad \text{Li}
$$

〔例1-45〕：n-butyl anion 的形成：

$$H_3C—CH_2—CH_2—\overset{\overset{\displaystyle H}{|}}{\underset{\underset{\displaystyle H}{|}}{C}}—Li \longrightarrow$$

$$H_3C—CH_2—CH_2—\overset{\overset{\displaystyle H}{|}}{\underset{\underset{\displaystyle H}{|}}{C}}\!\!:^- \ + \ Li^+$$

〔例1-46〕：isobutyl anion的形成：

$$CH_3—\overset{\overset{\displaystyle H}{|}}{\underset{\underset{\displaystyle CH_3}{|}}{C}}—\overset{\overset{\displaystyle H}{|}}{\underset{\underset{\displaystyle H}{|}}{C}}—Na \longrightarrow CH_3—\overset{\overset{\displaystyle H}{|}}{\underset{\underset{\displaystyle CH_3}{|}}{C}}—\overset{\overset{\displaystyle H}{|}}{\underset{\underset{\displaystyle H}{|}}{C}}\!\!:^- \ + \ Na^+$$

〔例1-47〕：cyclohexylmethyl anion 的形成：

$$\text{(cyclohexyl)}—\overset{\overset{\displaystyle H}{|}}{\underset{\underset{\displaystyle H}{|}}{C}}—Mg—\ddot{\underset{..}{Br}}: \longrightarrow \text{(cyclohexyl)}—\overset{\overset{\displaystyle H}{|}}{\underset{\underset{\displaystyle H}{|}}{C}}\!\!:^- \ + \ \overset{+}{Mg}—\ddot{\underset{..}{Br}}:$$

請注意：看了上述幾個「陰離子」的反應機構，可以知道：

（I）若是說前面的有機分子和質子（H+）的反應，本質上就是Lewis酸鹼反應：

那就此處「陰離子」的形成反應，則是上述Lewis酸鹼反應的逆反應：

中性分子 ⟶ Lewis酸 + Lewis鹼：

（II）不要忘了：

箭頭的尾端一定起始於一對電子（在此「陰離子」的形成過程中，是指準備斷鍵的電子。），箭頭的尖端一定是電子移動後的最終目的地。

（III）C原子失去電子，稱爲「碳陽離子」（carbon cation）。

C原子得到電子，稱爲「碳陰離子」（carbon anion）。

又舉例來說，Ethanol（C_2H_5OH，乙醇）丟掉質子（H^+），可得以下反應：

$$CH_3-CH_2-\overset{\cdot\cdot}{\underset{\cdot\cdot}{O}}-H \longrightarrow CH_3-CH_2-\overset{\cdot\cdot}{\underset{\cdot\cdot}{O}}{:} + H^+$$

請注意：因為O的陰電性比H的陰電性大，　O的「形式電荷」為

故O－H鍵斷鍵後，其斷鍵電子仍　　$=6-\dfrac{2}{2}-6=-1$

留在O原子上，而H原子不帶走任

何一個電子，就離開了。　　　　　　H的「形式電荷」為

又注意：正如前面再三強調的，鍵頭的尾端　　$=1-0-0=+1$

一定是從電子對出發才對。

　　於是若把反應後的「形式電荷」畫在「Lewis結構」上，可得：

$$CH_3-CH_2-\overset{\cdot\cdot}{\underset{\cdot\cdot}{O}}-H \longrightarrow CH_3-CH_2-\overset{\cdot\cdot}{\underset{\cdot\cdot}{O}}{:}^{-} + H^+$$

〔例1-48〕：t-butyl alcohol脫掉一個質子（H$^+$）後：

$$CH_3-\underset{\underset{\displaystyle CH_3}{|}}{\overset{\overset{\displaystyle CH_3}{|}}{C}}-\overset{\cdot\cdot}{\underset{\cdot\cdot}{O}}-H \longrightarrow CH_3-\underset{\underset{\displaystyle CH_3}{|}}{\overset{\overset{\displaystyle CH_3}{|}}{C}}-\overset{\cdot\cdot}{\underset{\cdot\cdot}{O}}{:}^{-} + H^+$$

〔例1-49〕：methylamine脫掉一個質子（H$^+$）後：

$$CH_3-\overset{\cdot\cdot}{\underset{\underset{\displaystyle H}{|}}{N}}{\overset{\displaystyle H}{\diagup}} \longrightarrow CH_3-\overset{\cdot\cdot}{\underset{\cdot\cdot}{N}}{}^{-}-H + H^+$$

〔例1-50〕：Diisopropylamine脫掉一個質子（H⁺）後：

$$CH_3-\underset{CH_3}{\overset{CH_3}{C}}-\underset{H}{\overset{\cdot\cdot}{N}}-\underset{}{\overset{CH_3}{CH}}-CH_3 \longrightarrow$$

$$CH_3-\underset{CH_3}{\overset{CH_3}{C}}-\overset{\cdot\cdot}{\underset{}{N}}{}^--\overset{CH_3}{CH}-CH_3 \;+\; H^+$$

請注意：正如前面第1-46頁所說的：前面的有機分子和質子（H⁺）的反應，本質上就是Lewis酸鹼反應：

$$:Lewis鹼 \; + \; Lewis酸 \longrightarrow 中性分子$$

那麼，中性分子脫掉一個質子（H⁺）的反應，本質上就是上述Lewis酸鹼反應的逆反應：

$$中性分子 \longrightarrow Lewis酸 \; + \; Lewis鹼:$$

§1.8 自由基（Free Radicals）

凡是帶有奇數電子的原子或原子基團，就稱爲「自由基」。像是Cl・，H₃C・，(Ar)₃C・等等。

「自由基」是由反應中之反應物分解，而形成帶奇數電子的短暫產物，性質很不穩定，故富於反應性，喜歡攻擊其它分子產生反應。

一般說來，化學鍵的斷裂可分兩種情況：

（1）均勻分裂（homolysis）：

是指每一斷裂部份各含有構成共價鍵的兩個電子之一時，稱之。

如：H——H $\longrightarrow$ H• + •H

（2）不均勻分裂（heterolysis）：

若每一斷裂部份中，有一方含構成共價鍵的兩個電子，另一方則否，稱之。

如：H——Cl $\longrightarrow$ H + Cl:

由此可知，「均勻分裂」可以形成「自由基」。比如說：

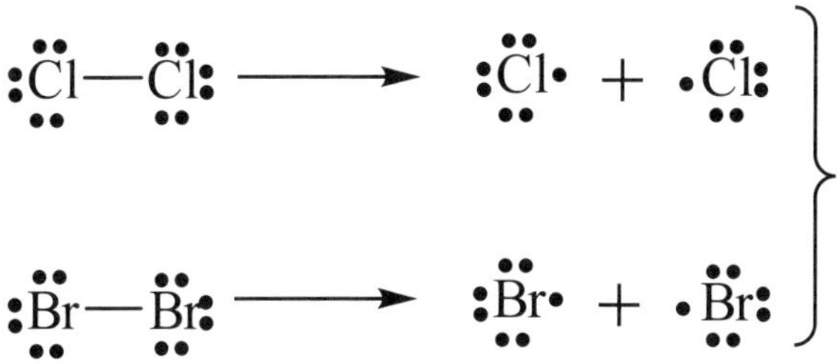

:Cl——Cl: $\longrightarrow$:Cl• + •Cl:

:Br——Br: $\longrightarrow$:Br• + •Br:

很顯然的，「均勻分裂」後所得的「自由基」，其「形式電荷」皆為零。

請注意：我們曾在第1-39頁的框框裏第（3）點強調過：

⌒ 或 ⌣ 代表著只有一個電子在移動。

〔例1-51〕：Di-tert-butyl peroxide的「均勻分裂」反應為：

$$CH_3-\overset{\overset{\displaystyle CH_3}{|}}{\underset{\underset{\displaystyle CH_3}{|}}{C}}-\ddot{\overset{..}{O}}-\ddot{\overset{..}{O}}-\overset{\overset{\displaystyle CH_3}{|}}{\underset{\underset{\displaystyle CH_3}{|}}{C}}-CH_3 \longrightarrow 2CH_3-\overset{\overset{\displaystyle CH_3}{|}}{\underset{\underset{\displaystyle CH_3}{|}}{C}}-\ddot{\overset{..}{O}}\cdot$$

〔例1-52〕：Diacetyl peroxide的「均勻分裂」反應為：

$$CH_3-\overset{\overset{\displaystyle O}{\|}}{C}-\ddot{\overset{..}{O}}-\ddot{\overset{..}{O}}-\overset{\overset{\displaystyle O}{\|}}{C}-CH_3 \longrightarrow 2CH_3-\overset{\overset{\displaystyle O}{\|}}{C}-\ddot{\overset{..}{O}}\cdot$$

〔例1-53〕：tert-butyl hydroperoxide的O-O鍵之「均勻分裂」：

$$CH_3-\overset{\overset{\displaystyle CH_3}{|}}{\underset{\underset{\displaystyle CH_3}{|}}{C}}-\ddot{\overset{..}{O}}-\ddot{\overset{..}{O}}-H \longrightarrow CH_3-\overset{\overset{\displaystyle CH_3}{|}}{\underset{\underset{\displaystyle CH_3}{|}}{C}}-\ddot{\overset{..}{O}}\cdot \; + \; \cdot\ddot{\overset{..}{O}}-H$$

〔例1-54〕：Azobis（isobutyronitrile）的C-N鍵之「均勻分裂」：

$$CH_3-\overset{\overset{\displaystyle CN}{|}}{\underset{\underset{\displaystyle CH_3}{|}}{C}}-\ddot{N}=\ddot{N}-\overset{\overset{\displaystyle CN}{|}}{\underset{\underset{\displaystyle CH_3}{|}}{C}}-CH_3 \longrightarrow 2CH_3-\overset{\overset{\displaystyle CN}{|}}{\underset{\underset{\displaystyle CH_3}{|}}{CH}}\cdot \; + \; \ddot{N}\equiv\ddot{N}$$

【練習題】

例 1-55

O-H鍵的斷裂可釋放出一個質子：

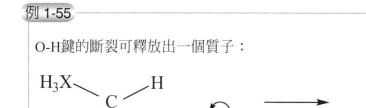

解

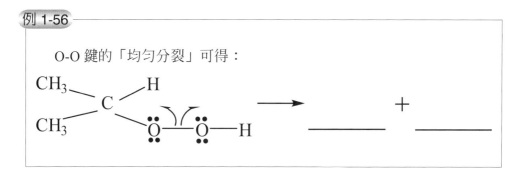

例 1-56

O-O 鍵的「均勻分裂」可得：

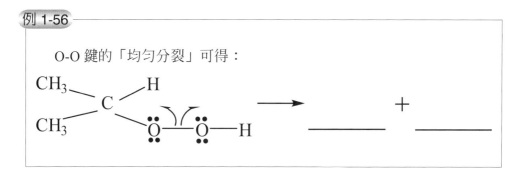

解

例 1-57

C-O 鍵的「不均勻分裂」可得碳正離子：

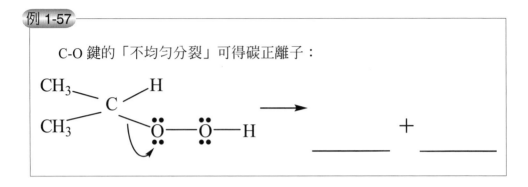

解

$$CH_3 - \overset{\underset{\displaystyle CH_3}{|}}{\overset{\displaystyle H}{\underset{\displaystyle |}{C}}}{}^+ \qquad \overset{..}{\underset{..}{\overset{-}{O}}} - \overset{..}{\underset{..}{O}} - H$$

第二章　共振結構
（**Resonance Structures**）

§2.1 前言

在寫有機反應機構時，特別是在碰到「芳香族化合物」（aromatic compounds）時，會遇見「共振雜交體」（resonance hybrid）或是「共振」（resonance）的現象。本章的主要目的就是要來教大家：如何處理「共振」分子的有機反應機構。

〈A〉何謂「共振雜交體」？

我們若只用一個「單一電子構造」（single electronic structure）來描述該分子的價鍵結構，有時候是不夠的，必須要用到好幾個價鍵結構，才能充分表示此分子的價鍵性質。於是我們就把這些價鍵結構集合起來，彼此間有一個雙鍵頭（⟷）表示。像這樣，一種分子的電子結構是由好幾個價鍵結構所混雜組合成的，就稱該電子結構為「共振雜交體」。

就以CO_3^{2-}為例。CO_3^{2-}的Lewis結構式表明C原子與3個O原子形成鍵結，其中包括一個雙鍵和二個單鍵，總計有3種可能的Lewis結構：

其中，每個Lewis結構都具有一個C＝O鍵和另外二個C－O鍵，且出現的位置各不相同。雖然如此，這三個CO鍵卻是完全相同的，因為由光學儀器測

定出：CO_3^{2-}裏的CO鍵沒有單、雙鍵之分。

　　為此，Pauling指出：許多分子或離子的結構，應採用二個或更多個Lewis結構式來描述，才能合理顯現出該化合物的眞實結構。

　　也就是說：一個化合物的眞實結構，是共振於這些可能的結構之間，是這些不同的可能Lewis結構的「共振雜交體」（resonance hybride）。

　　每一種可能的Lewis結構式就叫做「共振結構式」（resonance structure）。眞實分子或離子的結構是將不同的「共振結構式」，用雙箭頭（←→）連接在一起。

　　例如：CO_3^{2-}的眞實結構是用3種「共振結構式」表示如下：

　　也就是說：CO_3^{2-}是上述3種「共振結構式」的〝混合體〞。這並不代表著CO_3^{2-}是在「共振結構式」a、b、c之間變來變去，也不是說CO_3^{2-}中有一部份結構是a，另一部份結構是b或c。CO_3^{2-}只有一種結構，它既不是a，也不是b，更不是c，而是介於a、b、c之間的「共振雜交體」（resonance hybrid）。

　　觀察上面CO_3^{2-}的3種「共振結構式」，只要將「價電子」移轉，就可從一種共振結構式，轉變爲另一種共振結構式。

〈B〉何謂「共振」？

　　就化學而言，「共振」是根據量子力學觀點所發展出來的數學概念。當分子的電子結構很難用一種認定的價鍵結構，給予滿意的描述時，可改利用兩種或兩種以上的價鍵結構來描述該分子，這些價鍵結構之間是以一雙箭頭（ ⟷ ）表示。必須指出的是：「共振」分子並不是說其分子是在這些價鍵結構間換來換去，而是以該結構的雜交體來表示。

【注意】：

　　在不同的「共振式」間，是用雙箭頭 ⟷ 表示，但這並不表示左右的二個共振式在平衡，或者在振動。它只是把共振式聯繫起來，以表示它們共同組成一個「共振雜交體」。但絕不能和平衡符號〝 ⇌ 〞混爲一談。

　　在正式介紹如何書寫「芳香族」化合物的有機反應機構之前，有幾個概念必須在此先說明清楚：

　　一般說來，在寫有機反應機構時，我們會關心兩種問題：

〈a〉那些電子是可被移來移去的？

〈b〉這些可被移來移去的電子將會被移到何處？或是說：什麼樣的原子或位置可接受這些被移來移去的電子？（這樣的原子就稱爲「接受者」（receptor））。

＊關於第一個問題〈a〉的回答是：

　在Lewis結構裡，「可被移來移去的電子」（pushable electrons）計有兩

種：

（Ⅰ）原子上的「未共用電子對」（unshared electron pair）。

（Ⅱ）多重鍵上的π電子對。

＊關於第二個問題〈b〉的回答是：

一般而言，「接受者」可分為3種：

（Ⅰ）具有「形式正電荷」（formal positive charge）。

（Ⅱ）陰電性大的原子。這是因為陰電性大的原子，可以忍受擁有「形式
負電荷」（formal negative charge）。

（Ⅲ）原子本身具有「可移來移去的電子」（或說是原子本身具有「未
共用電子對」）。

現在我們就從最簡單的陽離子及陰離子，開始說起。

【型一】陽離子（或正離子）

就以allyl cation為例：

由上面結構可清楚看到：allyl cation具有一對「可移來移去的電子」，
即C_2和C_3間的π電子；又該結構的C_1上具有一個正電荷，這表示C_1可做為接
受者」。因此，藉由「可移來移去」之π電子的移動，可得到以下的「共
振」結構式((A)及(B))：

（A）　　　　　　　　　　　生成　　　　　　　　　　　（B）

　　換言之，當π電子移到C_1之「接受者」時，C_1上的正電荷被中和掉，反而在C_3處生成新的正電荷。同樣道理，也可以由（B）的π電子移到C_3之「接受者」，致使C_3的正電荷被中和掉，反而在C_1處生成新的正電荷，成為（A）結構。於是（A）和（B）二種結構的情況相等，這正是「共振」結構式的主要特徵所在，我們簡寫成如下：

$$\left[CH_2 = CH - \overset{+}{C}H_2 \quad \longleftrightarrow \quad \overset{+}{C}H_2 - CH = CH_2 \right]$$

【練習題】

例 2-1

2-butyl cation：

$$CH_3 - CH = CH - \overset{+}{C}H_2 \quad 生成 \quad \underline{\hspace{4cm}}$$

解

$$CH_3 - CH = CH - \overset{+}{C}H_2 \longrightarrow CH_3 - \overset{+}{C}H - CH = CH_2$$

例 2-2

3-cyclopentenyl cation：

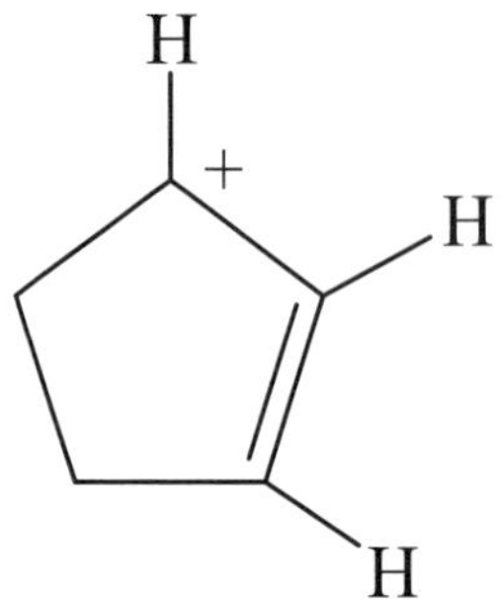

得到

_____   _____

解

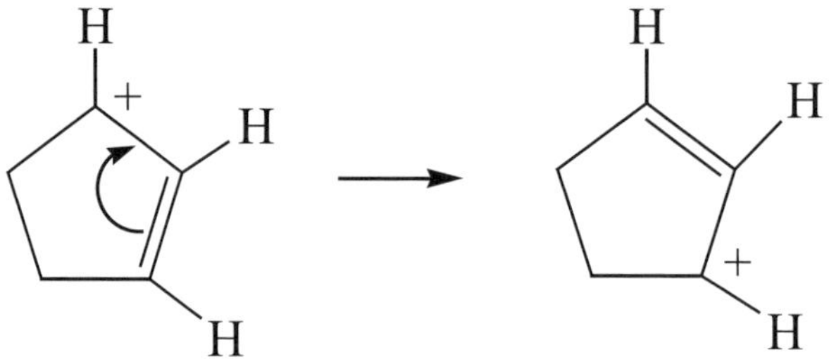

例 2-3

Acetone的共軛酸：

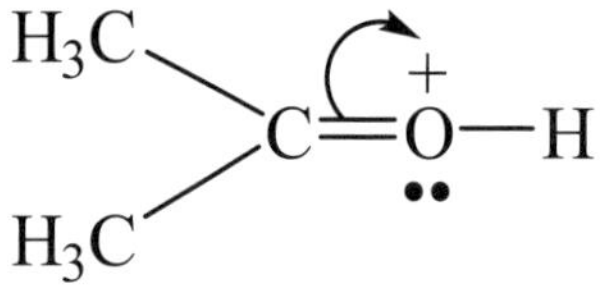

生成

_____

（請注意：此時O原子具有「形式正電荷」，故根據前面所述，可知它是
一個「接受者」。）

解

$$H_3C \diagdown \overset{+}{C} - \ddot{\underset{\cdot\cdot}{O}} - H$$
$$H_3C \diagup$$

例 2-4

2-butanone的共軛酸：

$$H_3C-\overset{\overset{+\ddot{O}-H}{\|}}{C}-CH_2 \longrightarrow CH_3 \quad 生成$$

_____　　_____

解

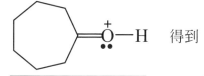

$$H_3C-\overset{\overset{+\ddot{O}-H}{\|}}{CH}-CH_2-CH_3 \longrightarrow H_3C-\overset{\overset{:\ddot{O}-H}{|}}{\underset{+}{C}}-CH_2-CH_3$$

例 2-5

Cyclopentanone的共軛酸：

$$\overset{+}{\underset{\cdot\cdot}{O}}-H \quad 得到$$

_____　　_____

解

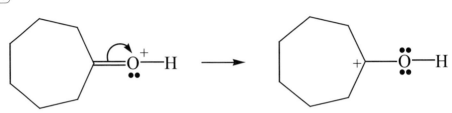

例 2-6

$$H_3C \overset{\cdot\cdot}{\underset{\cdot\cdot}{O}} \overset{+}{C}H_2 \quad 生成$$

_____   _____

請提供箭頭

解

$$H_3C \overset{\cdot\cdot}{\underset{\cdot\cdot}{O}} \overset{+}{C}H_2 \longrightarrow H_3C \overset{\cdot\cdot}{\underset{\cdot\cdot}{O}} \overset{+}{=} CH_2$$

例 2-7

Acetoxonium ion

$$H_3C \overset{+}{C} = \overset{\cdot\cdot}{\underset{}{O}} : \quad 生成 \quad _____$$

解

請注意：本例的「接受者」顯然是帶有「形式正電荷」的C原子，但「可被移來移去的電子」則有兩種之多，一為C=O鍵的π電子，故寫成：

$$CH_3—\overset{+}{C}=\overset{..}{\underset{..}{O}} \quad \longleftrightarrow \quad CH_3—\overset{..}{C}—\overset{..}{\underset{..}{O}}{}^{+} \qquad (C)$$

另一種為O原子上的「未共用電子對」，故寫成：

$$CH_3—\overset{+}{C}=\overset{..}{\underset{..}{O}} \quad \longleftrightarrow \quad CH_3—C≡\overset{+}{\underset{..}{O}} \qquad (D)$$

比較上述（C）及（D）二種結構式：

（C）之結構式造成正電荷出現在O原子上，且同時C-O的C和O原子各缺2個電子，無法成為穩定的「八隅體」結構，故（C）結構式不是穩定的「共振」結構式。

反之，（D）之結構式亦造成正電荷出現在O原子上，但同時使C-O的C和O原子滿足「八隅體」的規定，故（D）結構式屬於穩定的「共振」結構式。因此，在畫「共振」結構式，我們將只畫出（D），而不畫（C）之結構式。

〔例2-8〕：

我們再拿以下分子為例，用以強調〔例2-7〕的觀念：

$$H_3C—CH—\overset{+}{C}=\overset{..}{\underset{..}{O}} \quad \longleftrightarrow \quad H_3C—CH—C≡\overset{+}{\underset{..}{O}} \qquad (好)$$
$$\qquad\quad | \qquad\qquad\qquad\qquad\qquad\qquad | $$
$$\qquad\quad CH_3 \qquad\qquad\qquad\qquad\qquad\quad CH_3$$

$$H_3C—CH—\overset{+}{C}=\overset{..}{\underset{..}{O}} \quad \longleftrightarrow \quad H_3C—CH—\overset{..}{C}—\overset{..}{\underset{..}{O}}{}^{+} \qquad (壞)$$
$$\qquad\quad | \qquad\qquad\qquad\qquad\qquad\qquad | $$
$$\qquad\quad CH_3 \qquad\qquad\qquad\qquad\qquad\quad CH_3$$

〔例2-9〕：必須指出的是，像isopropyl cation（$H_3C\!\!-\!\!\overset{+}{C}H\!\!-\!\!CH_3$）就沒有「共振」結構式，理由是該結構不具有「可移來移去的電子」。同理，像dimethyl ether（$H_3C\!=\!O\!\!-\!\!CH_3$）也沒有「共振」結構式，因為它雖然有「可移來移去的電子」（指O原子的「未共用電子對」），但它沒有「接受者」去接受這些「可移來移去的電子」。又例如：像5-pentenyl cation（$H_2C\!=\!CH\!\!-\!\!CH_2\!\!-\!\!CH_2\!\!-\!\!\overset{+}{C}H_3$）亦沒有「共振」結構式存在。雖然它同時具有「可移來移去的電子」（指C＝C的π電子）及「接受者」（只帶正電荷的C＋原子），但因為「可移來移去的電子」及「接受者」間相距太遠（相隔二個CH_2基），故可移來移去的π電子無法有效到達「接受者」，所以不存在「共振」結構式。

【練習題】

在這些練習題裡，各已寫好一個Lewis結構，請用前面所講的概念，寫出其它可能的「共振雜交體」。但注意，有些題目是不存在「共振雜交體」的。

例 2-10

$$\overset{H_3C}{\underset{H_3C}{>}}C\!=\!CH\!\!-\!\!\underset{+}{CH}\!\!-\!\!CH_3 \longleftrightarrow \underline{\hspace{4cm}}$$

解

$$H_3C \Big\backslash_{H_3C} C = CH - \overset{+}{C}H - CH_3 \quad \longleftrightarrow \quad H_3C \Big\backslash_{H_3C} \overset{+}{C} - CH = CH - CH_3$$

例 2-11

$$H_3C \Big\backslash_{H_3C} CH - CH = \overset{+}{\underset{\cdot\cdot}{O}} - H \quad \longleftrightarrow \quad \underline{\hspace{4cm}}$$

解

$$H_3C \Big\backslash_{H_3C} CH - CH = \overset{+}{\underset{\cdot\cdot}{O}} - H \quad \longleftrightarrow \quad H_3C \Big\backslash_{H_3C} CH - \overset{+}{C}H = \overset{\cdot\cdot}{\underset{\cdot\cdot}{O}} - H$$

例 2-12

$$H_3C - \overset{+}{\underset{\underset{CH_3}{|}}{C}} - CH_2 - \overset{\cdot\cdot}{\underset{\cdot\cdot}{O}} - CH_3 \quad \longrightarrow \quad \underline{\hspace{4cm}}$$

解

沒有其它「共振雜交體」。

例 2-13

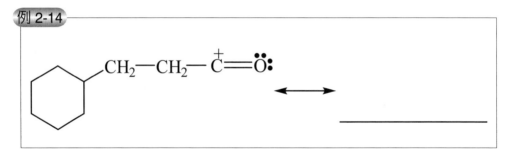

解

　　沒有其它「共振雜交體」。

例 2-14

$$CH_2-CH_2-\overset{+}{C}=\overset{\cdot\cdot}{\underset{\cdot\cdot}{O}}: \qquad \longleftrightarrow \qquad \underline{\hspace{5cm}}$$

解

$$CH_2-CH_2-\overset{+}{C}=\overset{\curvearrowleft}{\underset{\cdot\cdot}{O}}: \qquad \longleftrightarrow$$

$$CH_2-CH_2-C\equiv\overset{+}{\underset{\cdot\cdot}{O}}$$

例 2-15

$$\overset{+}{\underset{\bullet\bullet}{O}} \equiv C \text{—} \langle \text{cyclopentane} \rangle \longleftrightarrow \underline{\hspace{4cm}}$$

解

$$\overset{+}{\underset{\bullet\bullet}{O}} \equiv C \text{—} \langle \text{cyclopentane} \rangle \longleftrightarrow \overset{\bullet\bullet}{\underset{\bullet\bullet}{O}} = \overset{+}{C} \text{—} \langle \text{cyclopentane} \rangle$$

例 2-16

$$H_3C \text{—} \underset{\underset{CH_3}{|}}{\overset{\overset{CH_3}{|}}{C}} \text{—} \overset{+}{C}H \text{—} \overset{\bullet\bullet}{\underset{\bullet\bullet}{O}} \text{—} CH_2 \text{—} CH_3 \longleftrightarrow \underline{\hspace{4cm}}$$

解

$$H_3C \text{—} \underset{\underset{CH_3}{|}}{\overset{\overset{CH_3}{|}}{C}} \text{—} \overset{+}{C}H \text{—} \overset{\bullet\bullet}{\underset{\bullet\bullet}{O}} \text{—} CH_2 \text{—} CH_3 \longleftrightarrow$$

$$H_3C \text{—} \underset{\underset{CH_3}{|}}{\overset{\overset{CH_3}{|}}{C}} \text{—} CH = \overset{+}{\underset{\bullet\bullet}{O}} \text{—} CH_2 \text{—} CH_3$$

例 2-17

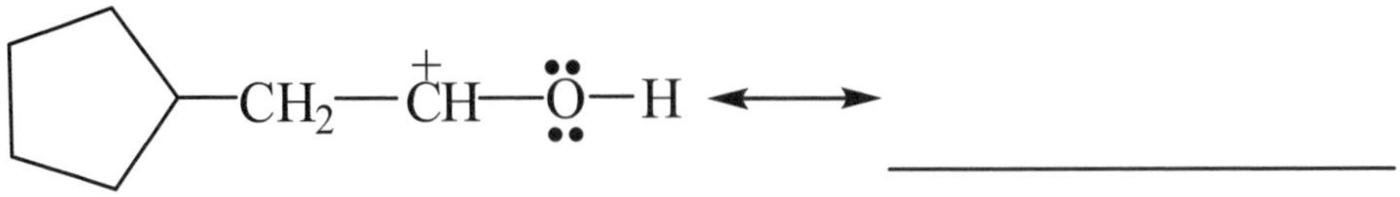

解

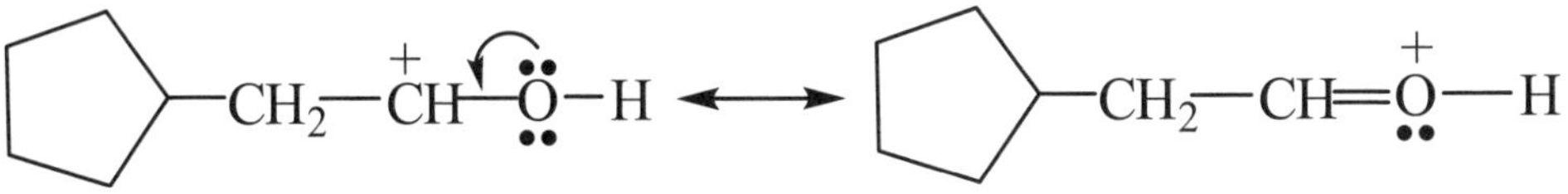

【型二】陰離子（或負離子）

就以acetate ion為例：

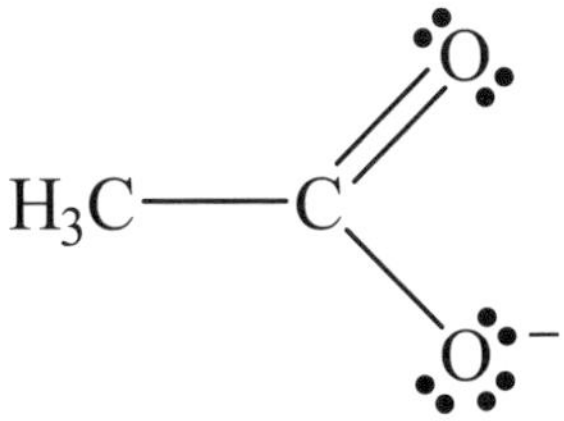

注意到沒？這個分子結構擁有好幾對的「可移來移去的電子」，憑直覺而言，負電荷（或者是正電荷）在一個分子裡必須要盡可能的分散開來，不能老是集中在某一個部位（否則造成分子內電荷分佈不均勻，致使該分子呈不穩定狀態）。有鑑於此，寫「共振」結構式的目的之一，就是用Lewis的價鍵結構方式，清楚的表達出負電荷（有時是正電荷）是如何的分散開來，而不是指集中在某一個原子上。

「共振」結構的寫法如下所示：

但上述寫法很有問題，因為一來C原子的陰電性較O原子的陰電性小，現在居然要C原子擁有多的電子，呈負電荷狀態，有違常理；另一方面，現在C原子擁有5對（10個）電子，違背「八隅體」穩定結構論，因此上述「共振」結構式寫法不予採納。

「共振」結構的另一種寫法如下：

上述寫法不但使陰電性大的O原子順理成章擁有負電荷，並且每一個原子也都符合「八隅體」的規定，因此上述「共振」結構式頗為合理，可以被採納。

- -

【練習題】寫出下列分子的「共振雜交體」？

例 2-18

Cyclohexane carboxylate anion

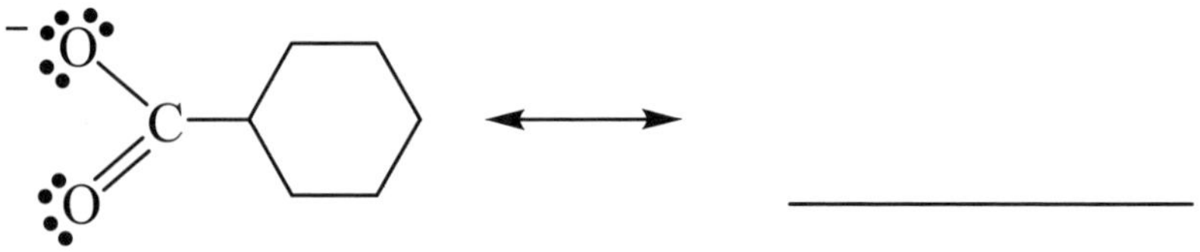

解

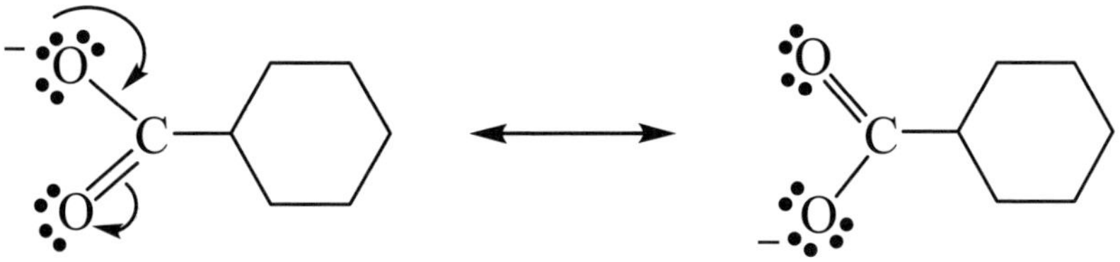

例 2-19

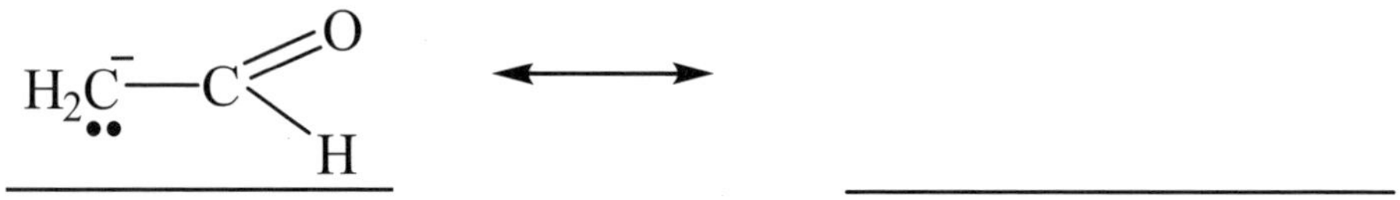

請提供箭頭

解

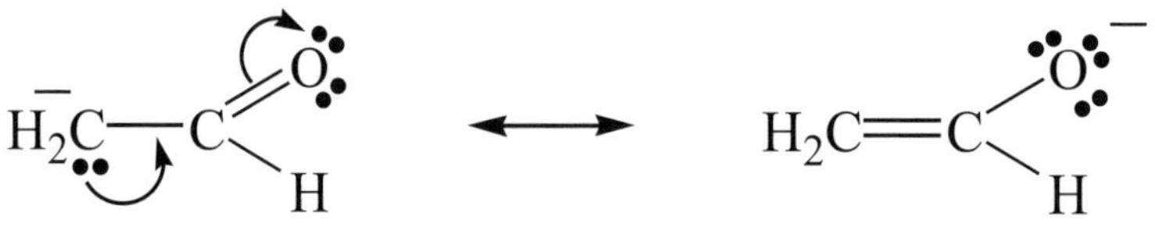

例 2-20

$$^-\ddot{C}H_2{-}CH{=}CH_2 \longleftrightarrow \underline{\hspace{3cm}}$$

請提供箭頭

解

$$^-\ddot{C}H_2{-}CH{=}CH_2 \longleftrightarrow CH_2{=}CH{-}\ddot{C}H_2{}^-$$

例 2-21

acetonitrile anion

$$^-\ddot{C}H_2{-}C{\equiv}N\colon \longleftrightarrow \underline{\hspace{3cm}}$$

請提供箭頭

解

$$^-\ddot{C}H_2{-}C{\equiv}N\colon \longleftrightarrow CH_2{=}C{=}\ddot{N}\colon^-$$

在此我們要再一次強調一些常見、且常犯錯的不正確觀念：

〔1〕一定是電子被移動，而不是電荷被移動！

$$H_2C{=}CH{-}\overset{+}{C}H_2\;（錯）\quad H_2C{=}CH{-}\overset{+}{C}H_2\;（對）$$

〔2〕一定是多電子移動到少電子或缺電子處，而不是少電子（或缺電子）移到多電子處！

$$H_2C = CH - \overset{+}{C}H_2$$

(對)

$$H_2C = CH - \overset{+}{C}H_3$$

(錯)

$$H_2\overset{..}{C} = CH - \overset{..}{C}H_2^-$$

(對)

$$H_2C = CH - \overset{..}{C}H_2^-$$

(錯)

例 2-22

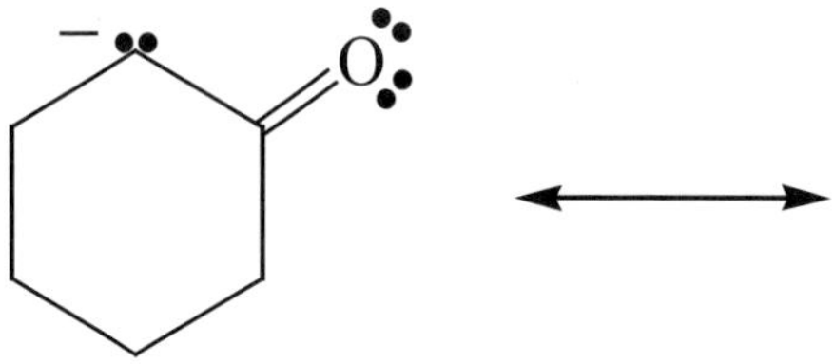

解

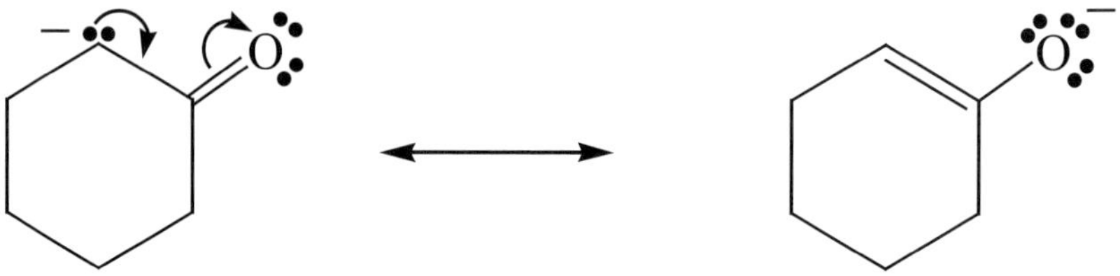

例 2-23

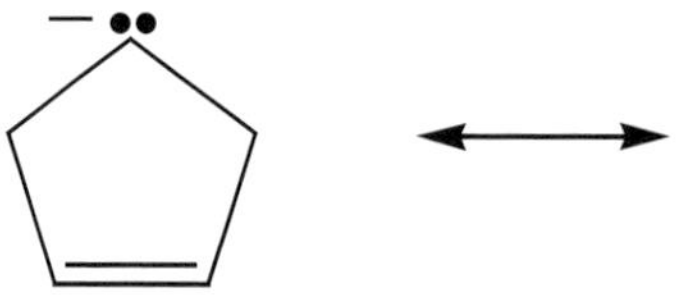

解

　沒有其它「共振雜交體」。

例 2-24

$$:N\equiv C-\overset{\bullet\bullet}{\underset{}{C}}\overline{H}-CH_2-CH=CH_2 \quad \longleftrightarrow \quad$$

_____

解

$$:N\equiv C-\overset{\bullet\bullet}{\underset{}{C}}\overline{H}-CH_2-CH=CH_2 \quad \longleftrightarrow$$

$$\overset{\bullet\bullet}{:}N\equiv C-\overset{\bullet\bullet}{C}{}^{-}-CH_2-CH=CH_2$$

例 2-25

$$\overset{-}{:}\overset{\bullet\bullet}{\underset{\bullet\bullet}{O}}-C\overset{\bullet\bullet}{=}\overset{\bullet\bullet}{O}: \quad \longleftrightarrow$$

$$| \atop CH_2$$

$$| \atop CH_3$$

_____

解

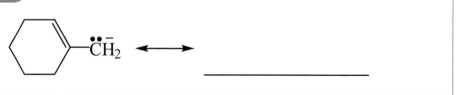

例 2-26

解

沒有其它「共振雜交體」。

例 2-27

解

沒有其它「共振雜交體」。

例 2-28

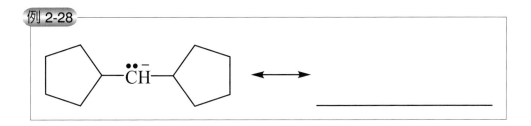

解

沒有其它「共振雜交體」。

【型三】自由基（free radical）

自由基的「共振」結構式和前面正負離子的「共振」結構式稍微有些不同，故在書寫時必須多加留意、小心。其最大不同之處在於：前者（正負離子）的「可移來移去電子」是每兩個電子成雙成對移動；但後者（自由基）的「可移來移去電子」則是單個電子而已。就以allyl radical爲例：

$$\overset{\cdot}{C}H_2 \!\!-\!\! CH \!\!=\!\! CH_2$$

由上述分子可知：allyl radical擁有一對π電子及一個「未配對電子」（unpaired electron）。在寫「共振」結構式時，此一π電子對會「均勻分裂」（homolytic cleavage），一個π電子留在C_1原子上，另一個π電子會和其它的「未配對電子」結合，生成一對新的π電子，表示如下：

$$\underset{1}{CH_2} \!\!=\!\! \underset{2}{CH} \!\!-\!\! \underset{3}{\overset{\cdot}{C}H_2} \qquad \longleftrightarrow \qquad \underset{1}{\overset{\cdot}{C}H_2} \!\!-\!\! \underset{2}{CH} \!\!=\!\! \underset{3}{CH_2}$$

【練習題】

例 2-29

$$
\begin{array}{l}
\mathrm{H_3C} \\
\diagdown \\
\overset{\bullet}{\mathrm{C}} - \mathrm{C} \diagup^{\displaystyle \overset{\bullet\bullet}{\mathrm{O}}\,} \\
\diagup \diagdown \\
\mathrm{H} \mathrm{CH_3}
\end{array}
\qquad \longleftrightarrow
$$

請提供箭頭

解

$$
\begin{array}{l}
\mathrm{H_3C} \\
\diagdown \\
\overset{\bullet}{\mathrm{C}} - \mathrm{C} \diagup^{\displaystyle \overset{\bullet\bullet}{\mathrm{O}}\,} \\
\diagup \diagdown \\
\mathrm{H} \mathrm{CH_3}
\end{array}
\qquad \longleftrightarrow \qquad
\begin{array}{l}
\mathrm{H_3C} \\
\diagdown \\
\mathrm{C} = \mathrm{C} \diagup^{\displaystyle \overset{\bullet\bullet}{\mathrm{O}}\,} \\
\diagup \diagdown \\
\mathrm{H} \mathrm{CH_3}
\end{array}
$$

例 2-30

$$
\begin{array}{l}
\mathrm{H_3C} \\
\diagdown \\
\overset{\bullet}{\mathrm{C}} - \mathrm{CH} = \mathrm{CH} - \mathrm{CH_3} \qquad \longleftrightarrow \\
\diagup \\
\mathrm{H_3C}
\end{array}
$$

請提供箭頭

解

$$
\begin{array}{l}
\mathrm{H_3C} \\
\diagdown \\
\overset{\bullet}{\mathrm{C}} - \mathrm{CH} = \mathrm{CH} - \mathrm{CH_3} \qquad \longleftrightarrow \\
\diagup \\
\mathrm{H_3C}
\end{array}
$$

$$
\begin{array}{l}
\mathrm{H_3C} \\
\diagdown \\
\mathrm{C} = \mathrm{CH} - \overset{\bullet}{\mathrm{CH}} - \mathrm{CH_3} \\
\diagup \\
\mathrm{H_3C}
\end{array}
$$

例 2-31

解

例 2-32

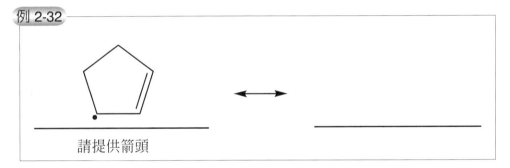

請提供箭頭

解

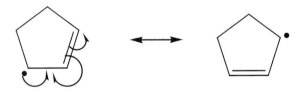

例 2-33

:N≡C—Ċ—CH₃   ⟷
      |
    CH₃

請提供箭頭

解

:N≡C—Ċ—CH₃   ⟷   :N̈=C=C—CH₃
     | |
    CH₃   CH₃

例 2-34

H₃C—CH=CH—ĊH₂ ⟷ _____
 4   3   2   1

解

H₃C—ĊH—CH=CH₂

例 2-35

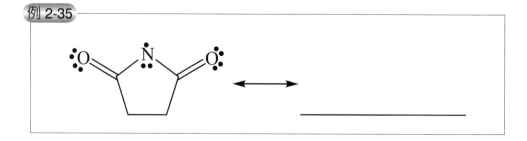

解

例 2-36

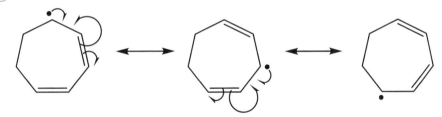

解

【型四】苯及似苯的芳香族化合物

（Benzene and Benzenoid Aromatic Compounds）

就以苯（benzene）為例：

苯的Lewis結構如上圖所示。苯具有3對「可移來移去的π電子」，但為了方便起見，我們假設其一對π電子（以C_1=C_2的π電子為例）是「可移來移

去的」，其餘2對 π 電子是也跟著一起移動，因此苯的「共振」結構式如下圖所示：

〔例2-37〕：苯的表示方式有好幾種：

$\bigcirc\!\!\!\!\!\!\bigcirc$— , C_6H_5— , and Ph—

像是甲基苯（methyl benzene）可以表示成：

$\bigcirc\!\!\!\!\!\!\bigcirc$—$CH_3$, C_6H_5—CH_3 , Ph—CH_3

它的「共振」結構式寫為：

$$\left[\quad CH_3 \quad \longleftrightarrow \quad CH_3 \quad \right]$$

〔例2-38〕：ortho-xylene 的「共振」結構式為

$$CH_3 \quad CH_3 \quad \longleftrightarrow \quad CH_3 \quad CH_3$$

〔例2-39〕：同一分子裏，若苯環數增多，則可想而知，其「共振」結構式
也會隨之增加，就以diphenylmethanol為例，不論是以右邊苯
環或是左邊苯環的π電子為「可移來移去的電子」，皆可得到
不同的「共振」結構式；甚至同時兩邊苯環的π電子為「可移
來移去的電子」，亦得到不同的「共振」結構式：

（A）

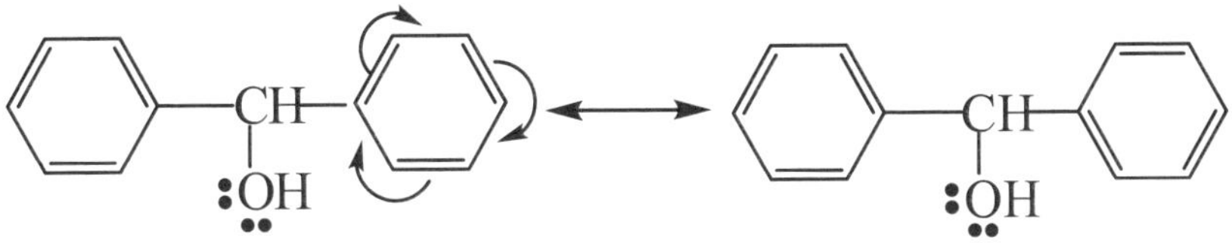

（B）

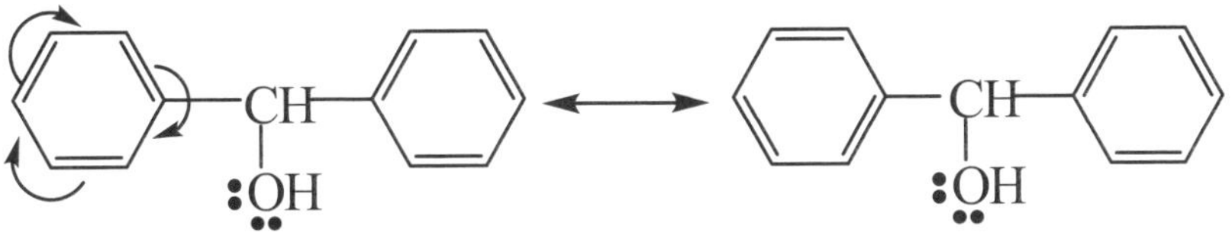

（C）

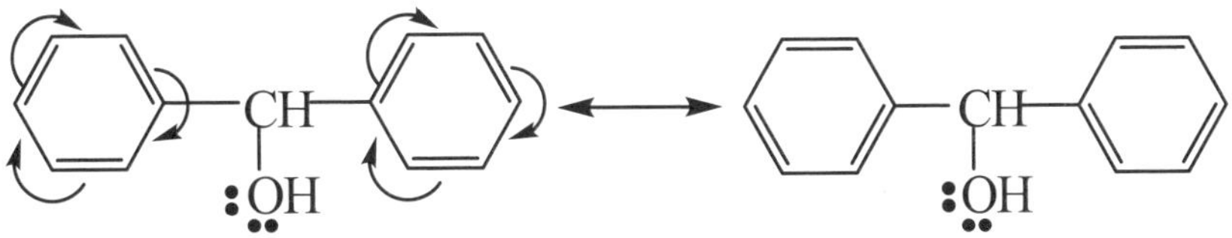

所以diphenylmethanol的「共振」結構可寫成：

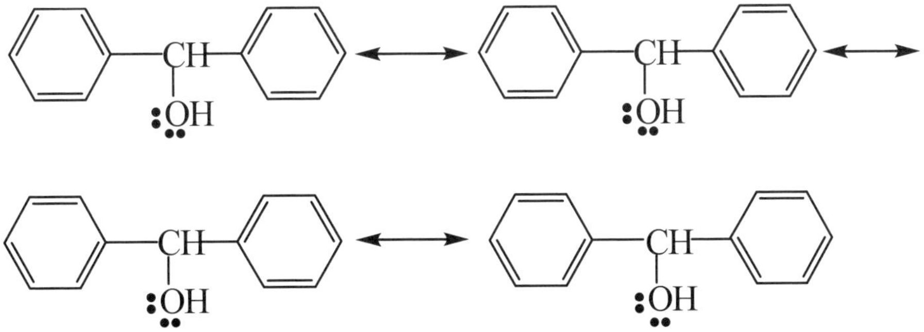

〔例2-40〕：萘（naphthalene）的Lewis結構寫為

例如：

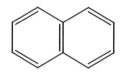

若以右邊環的π電子為「可移來移去的電子」，那麼其「共振」結構式寫為：

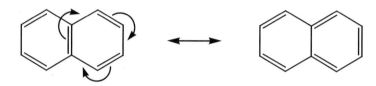

若以左邊環的π電子為「可移來移去的電子」，那麼其「共振」結構式寫為：

【請注意】：

在本例（萘）的情況裏，無法將兩邊環的π電子同時設定為「可移來移去的電子」，理由很簡單，你自行畫便可了解（你絕對畫不出兩邊環的π電子可同時移動的「共振」結構式）。

〔例2-41〕：Phenanthrene擁有3個六角環及5個「共振」結構式，寫法如

下：

〈a〉以左邊第一個六角環的π電子為「可移來移去的電子」

時：

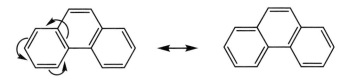

〈b〉以右邊第一個六角環的π電子為「可移來移去的電子」

時：

〈c〉以左右兩邊的六角環的π電子為「可移來移去的電子」

時：

〈d〉以中間六角環的π電子為「可移來移去的電子」時：

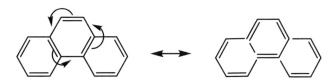

【特別注意】：

　　對於上述〔例2-40〕及〔例2-41〕之「六邊連結環化合物」〈fused aromatic compounds〉，其「共振」結構式很容易寫錯。因此，在這提出三點常犯的錯誤，請讀者務必小心！

（1）在「六邊連結環化合物」裏，不准C原子擁有10個價電子，有這樣的「共振」結構式，去掉！

　　　例如：

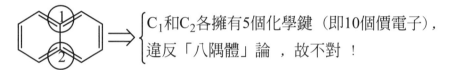

$\begin{cases} C_1和C_2各擁有5個化學鍵（即10個價電子），\\ 違反「八隅體」論，故不對！ \end{cases}$

（2）在「六邊連結環化合物」裏，若單鍵和雙鍵不能交錯存在（即單—雙—單—雙⋯⋯形式存在），這不是「共振」結構式，所以，去掉！

　　　例如：

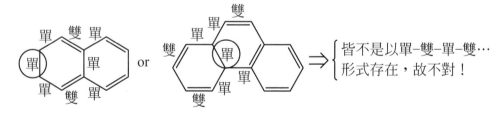

$\begin{cases} 皆不是以單-雙-單-雙\cdots\\ 形式存在，故不對！ \end{cases}$

（3）在「六角連結環化合物」裏，若「共振」結構式裏有相同的結構式，就必須去掉！

　　　例如：

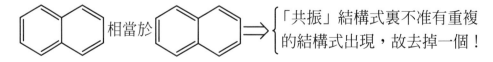

$\begin{cases} 「共振」結構式裏不准有重複\\ 的結構式出現，故去掉一個！ \end{cases}$

【練習題】

例 2-42

Ethylbenzene

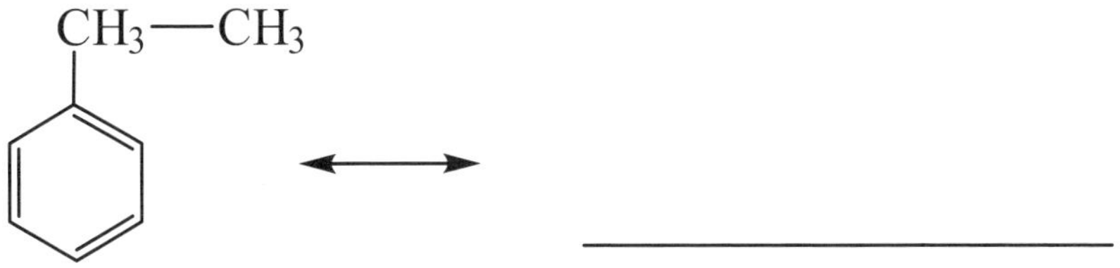

CH_3—CH_3

⟷ _____

解

CH_2—CH_3

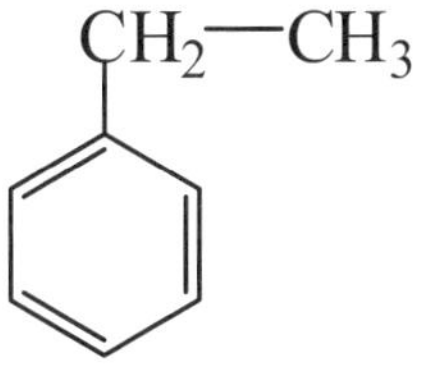

例 2-43

p-xylene

CH_3

⟷ _____

CH_3

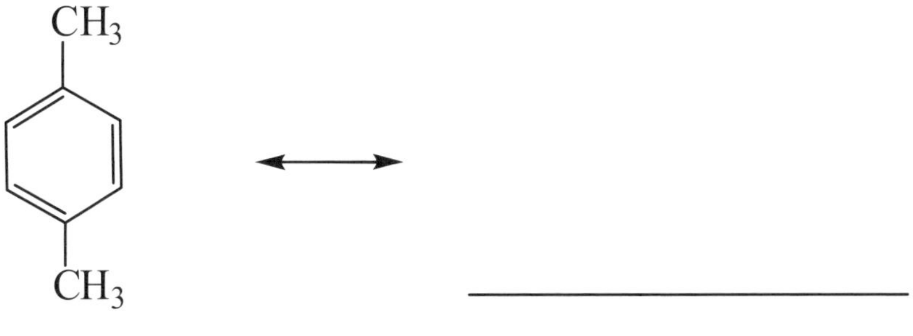

解

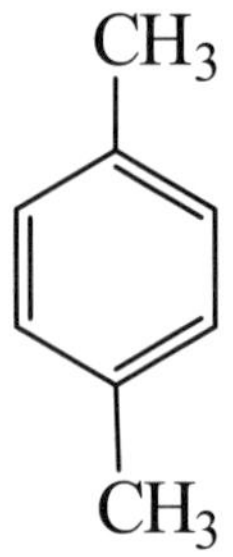

例 2-44

Anthracene

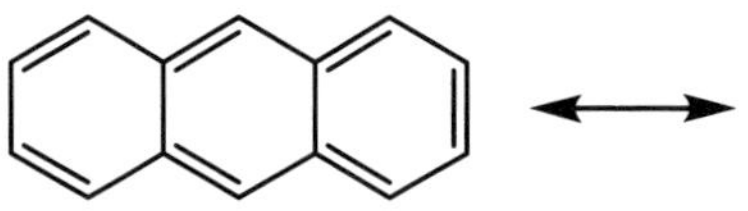

解

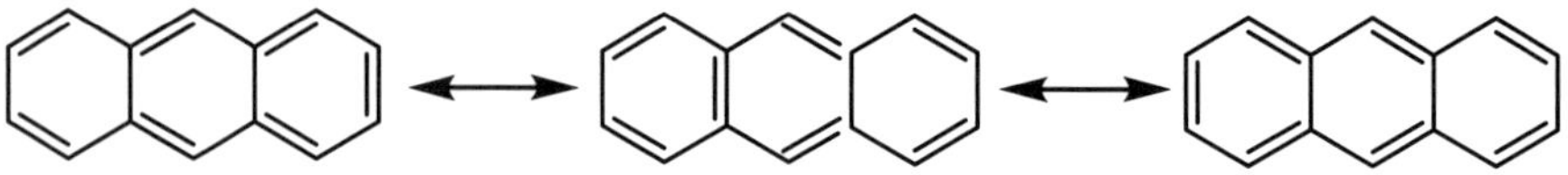

【型五】含有多邊環的離子

〔例2-45〕：就以phenoxide ion為例：

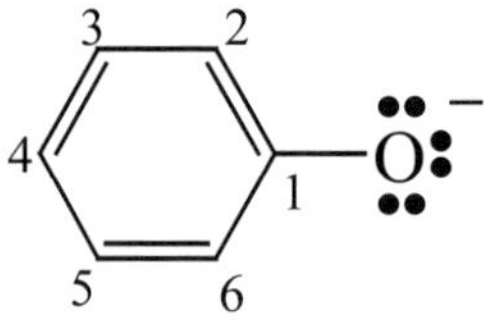

由上圖之Lewis結構，可以知道：O原子上有一對未共用電子對，可用來作為「可移來移去的電子」；而C_1原子為「接受者」。如此一來，$C_1=C_2$

的π電子（屬於「可移來移去的電子」）可改移到C$_2$的「接受者」上，得到下圖的「共振」結構式（A）：

得到 （A）

同理，（A）結構上的C$_2$之2個「未共用之電子」，改移到C$_3$的「接受者」；C$_3$＝C$_4$的π電子則移到C$_4$的「接受者」上，又得下圖的「共振」結構式（B）：

得到 （B）

同樣情形，（B）結構上的C$_4$之2個「未共用之電子」，改移到C$_5$的「接受者」；C$_5$＝C$_6$的π電子則移到C$_6$的「接受者」上，又得下圖的「共振」結構式（C）：

得到 （C）

我們將上述的個別「共振」結構式集合在一起，就可得到下圖的結果。換言之，用以下五個「共振」結構式，可以正確表達出phenoxide ion的價鍵結構。（注意：單獨一個不行，必須五個同時出現，才能真正表達該分子的價鍵結構。）

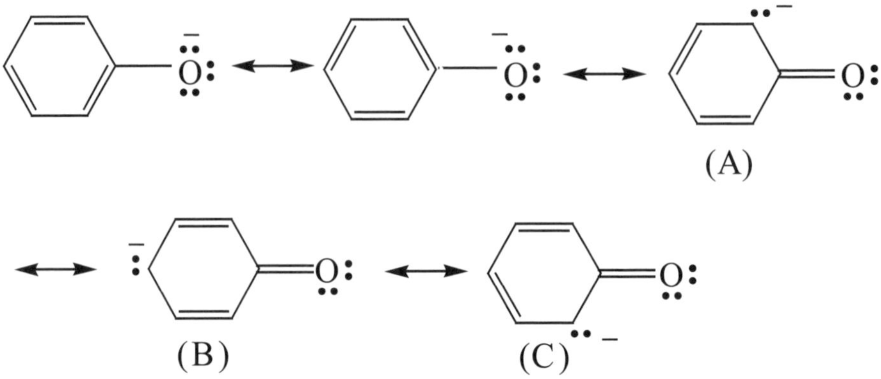

(A)

(B)   (C)

〔例2-46〕：Benzyl cation的Lewis結構為：

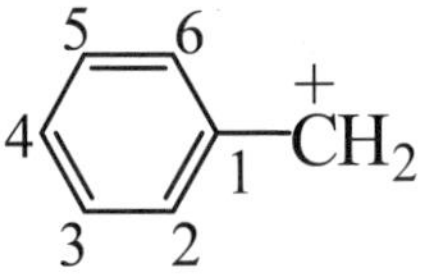

(1)

此一分子有五種「共振」結構式，即（1）-（5）。

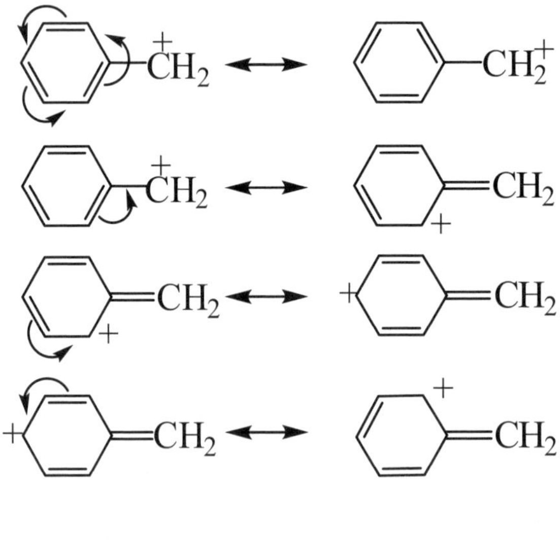

(2)

(3)

(4)

(5)

〔例2-47〕：Cyclopentadienide ion 之Lewis結構為：

（1）

此一分子有四種「共振」結構式。比如說：C_1上的2個「未共用之電子」屬於「可移來移去的電子」，可轉移到C_1與C_2之間；$C_2＝C_3$的π電子則改移到C_3的「接受者」上，於是得到以下的「共振」結構式（2）：

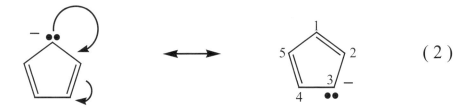

（2）

又結構式（2）的C_3的「未共用之電子」，可轉移到C_3與C_4之間；$C_4＝C_5$的π電子則改移到C_5的「接受者」上，於是得到以下的「共振」結構式（3）：

（3）

如此重複下去，繼續可得以下之「共振」結構式（4）及（5）：

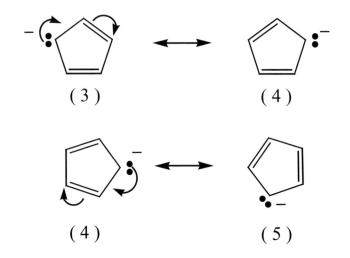

（3）　　　　　　　　　　　　　　（4）

（4）　　　　　　　　　　　　　　（5）

〔例2-48〕：再以以下正離子化合物爲例，畫出其「共振」結構式。

（1）

以$C_1＝C_2$的π電子爲「可移來移去的電子」，C_3因爲帶有正電荷，故爲「接受者」，於是可得以下「共振」結構式（2）：

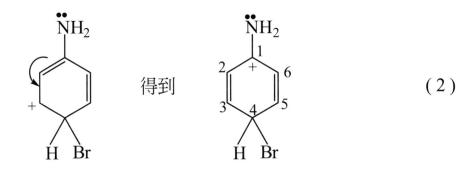

得到　　　　　　　　　　　　　　（2）

就以（2）結構式而言，再以$C_5=C_6$的$_\pi$電子為「可移來移去的電子」，C_1因為帶有正電荷，故為「接受者」，於是可得以下「共振」結構式（3）：

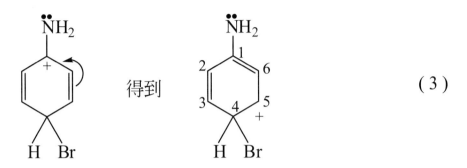

得到 （3）

結構式（2）而言，N原子上的一對「未共用電子對」屬於「可移來移去的電子」，而C_1因為帶正電荷，故為「接受者」，於是可得以下「共振」結構式（4）：

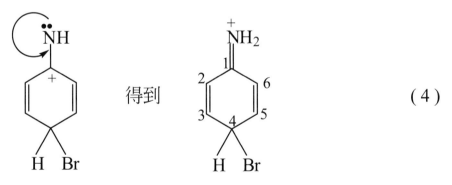

得到 （4）

故集合上述的結構式（1）、（2）、（3）、（4），可得正確描述該離子化合物的價鍵結構式：

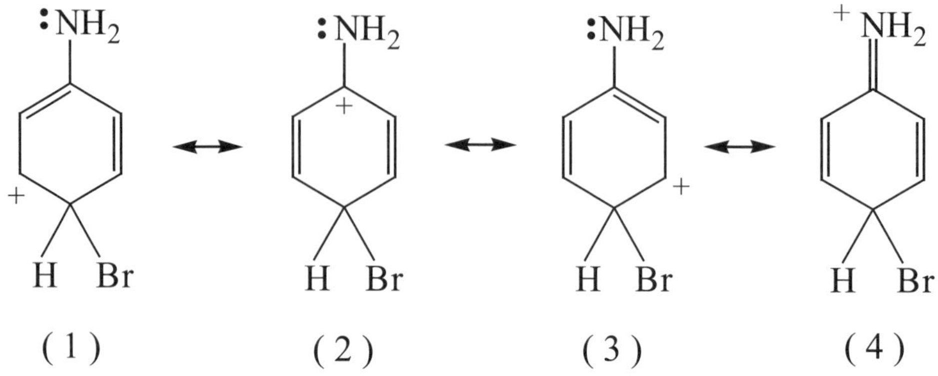

以下列正離子化合物為例，畫出其「共振」結構式。

〔例2-49〕：以下列正離子化合物為例，畫出其「共振」結構式。

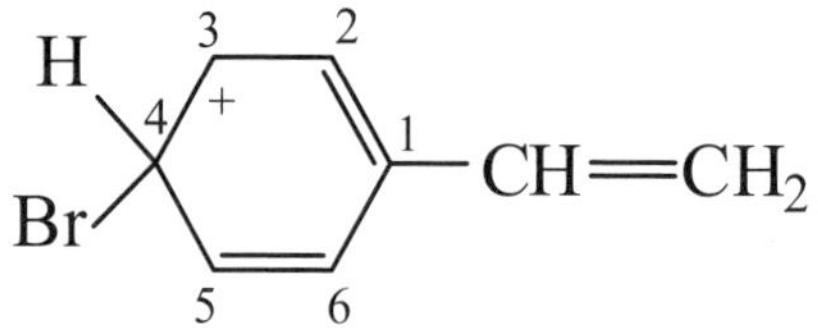

以$C_1=C_2$的π電子為「可移來移去的電子」，C_3因帶有正電荷，故為「接受者」，於是可得以下「共振」結構式（2）：

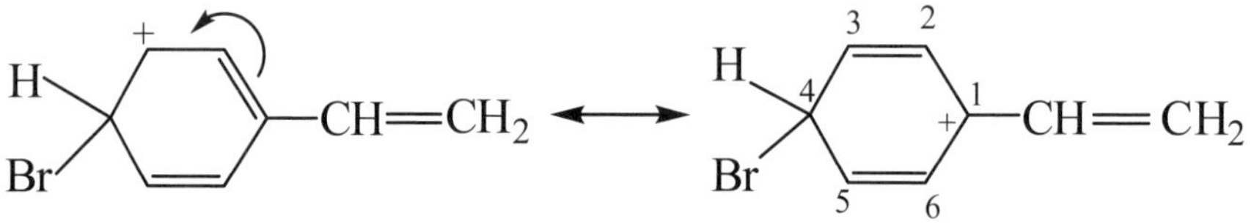

就以（2）結構式而言，以$C_5=C_6$的π電子為「可移來移去的電子」，C_1因帶有正電荷，故為「接受者」，於是可得以下「共振」結構式（3）：

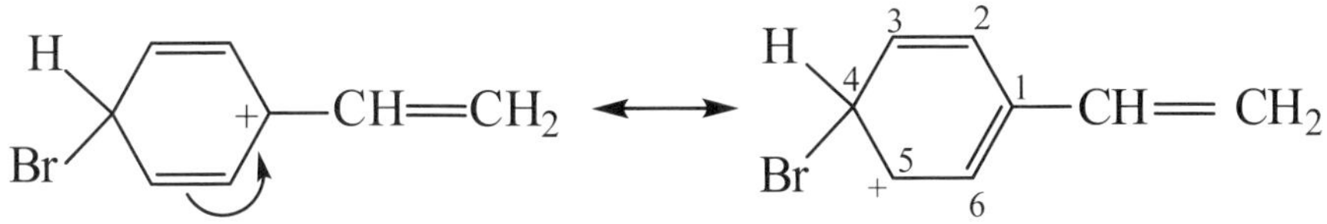

再以結構式（2）而言，以CH＝CH$_2$的π電子為「可移來移去的電子」，而C1因帶有正電荷，故為「接受者」，於是可得以下「共振」結構式（4）：

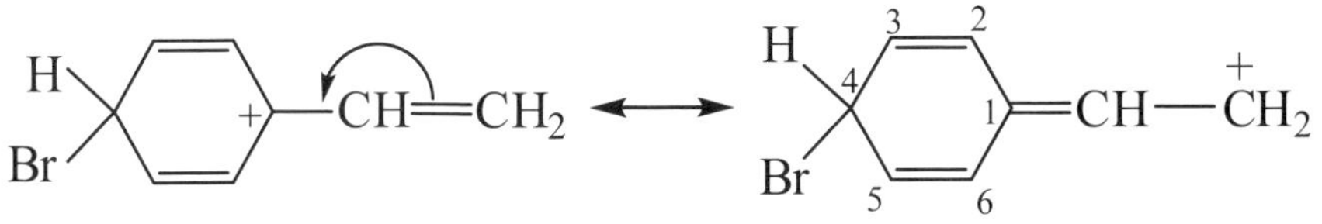

所以將上述結構式（1）、（2）、（3）、（4）用雙鍵頭連結在一起，可以正確描述該正離子的價鍵結構式：

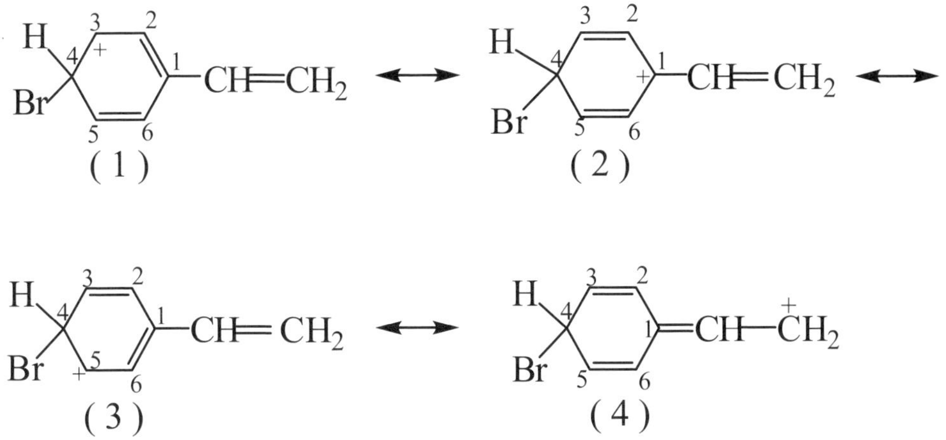

（1）　　　（2）

（3）　　　（4）

【練習題】

在下面練習題裏，每個題目都有好幾個「共振雜交體」。現已寫出一個，請試著寫出其餘的「共振雜交體」。

例 2-50

(3)

解

例 2-51

(3)

解

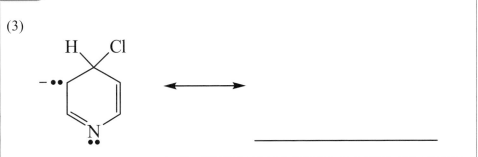

例 2-52

(3)

解

例 2-53

(7)

解

例 2-54

(4)

解

例 2-55

(3)

解

第四個結構式：

不包括在「共振」結構式內。理由是N原子是以「＝N＝」以sp混雜軌域鍵結，故照理說C_6＝N_1＝C_2必須以直線方式存在，但這是一個有機環分子，不可能使C_6＝N_1＝C_2成為直線形，因為這個理由，此第四個結構式排除在外。

【型六】形成電荷會分開的共振結構

以formaldehyde為例，其Lewis結構如下所示：

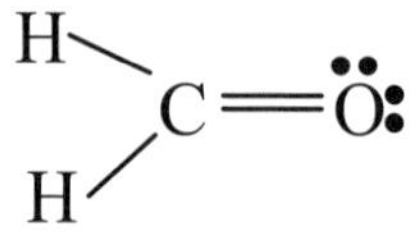

$$H\text{—}C\text{=}\ddot{O}\text{:（with H below）}$$

由上圖可知：C＝O的π電子為「可移來移去的電子」，因此，若以C原子為「接受者」，可得以下結構式（1）：

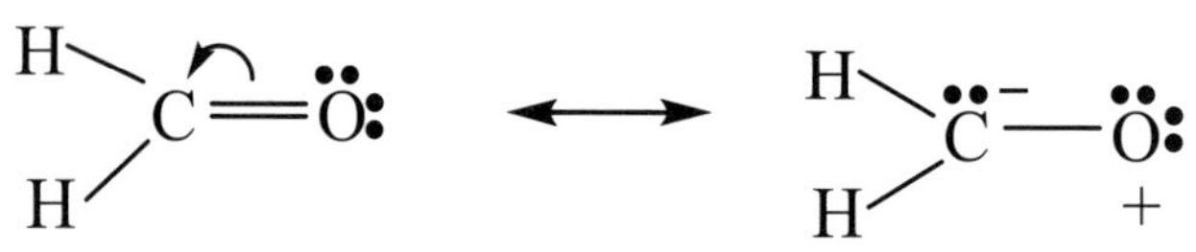

$$(1)\quad（不好!）$$

若以O原子為「接受者」，可得以下結構式（2）：

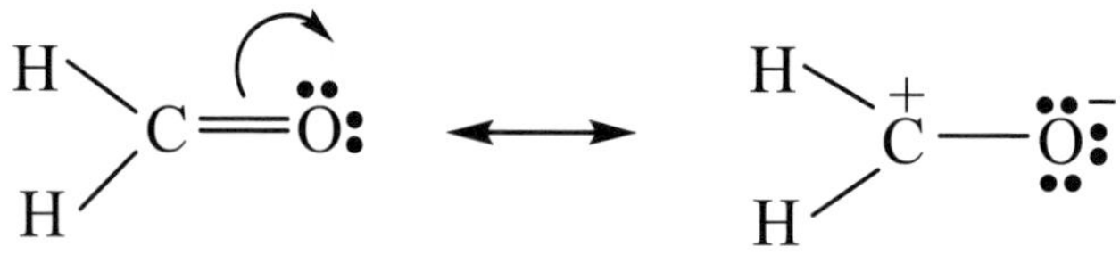

$$(2)\quad（好!）$$

由於已知O的陰電性較C的陰電性大，因此O原子較適合擁有負電荷，故結構式（2）乃是正確的「共振」結構式。還有一種可能性，即同時以C原子及O原子為「接受者」，可得以下結構式（3）：

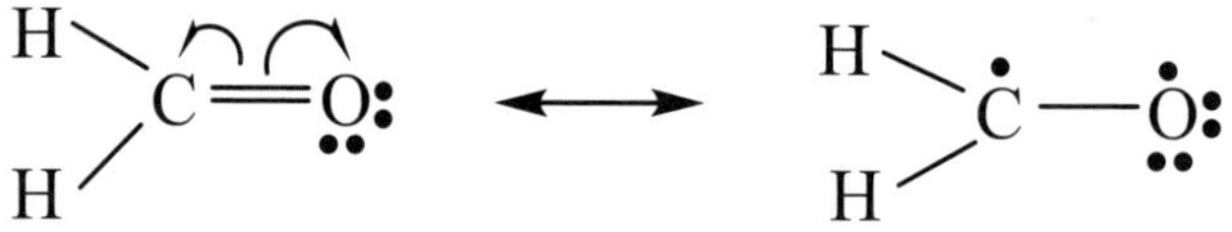

$$(3)\quad（不好!）$$

顯然的，結構式（3）的C及O原子違反了「八隅體」論，故也排除結構式（3）存在的可能性。

〔例2-56〕：Acrolein 的 Lewis結構如下所示：

$$CH_2 = CH - C \overset{\displaystyle H}{\underset{\displaystyle \ddot{O}:}{\Big\langle}} \qquad (1)$$

因C=O的π電子為「可移來移去的電子」，又O的陰電性較C的陰電性大，故以O原子為「接受者」，可得以下「共振」結構式（2）：

$$CH_2 = CH - C \overset{\displaystyle H}{\underset{\displaystyle \ddot{O}:}{\Big\langle}} \quad 得到 \quad \underset{1}{CH_2} = \underset{2}{CH} - \underset{3}{\overset{+}{C}} \overset{\displaystyle H}{\underset{\displaystyle \ddot{O}:^-}{\Big\langle}} \qquad (2)$$

又C=C的π電子亦屬於「可移來移去的電子」，且C_3具有一個正電荷，故以C_3為「接受者」，又得如下「共振」結構式（3）：

$$CH_2 = CH - \overset{+}{C} \overset{\displaystyle H}{\underset{\displaystyle \ddot{O}:^-}{\Big\langle}} \quad 得到 \quad \overset{+}{CH_2} - CH = C \overset{\displaystyle H}{\underset{\displaystyle \ddot{O}:^-}{\Big\langle}} \qquad (3)$$

所以將上述結構式（1）、（2）、（3）用雙箭頭連結在一起，可正確描述Acrolein 的價鍵結構式：

$$CH_2 = CH - C \overset{H}{\underset{\ddot{O}:}{\Big\langle}} \longleftrightarrow CH_2 = CH - \overset{+}{C} \overset{H}{\underset{\ddot{O}:^-}{\Big\langle}} \longleftrightarrow \overset{+}{CH_3} = CH - C \overset{H}{\underset{\ddot{O}^-}{\Big\langle}}$$

$$\qquad (1) \qquad\qquad\qquad (2) \qquad\qquad\qquad (3)$$

〔例2-57〕：N-methylacetamide的Lewis結構如下所示：

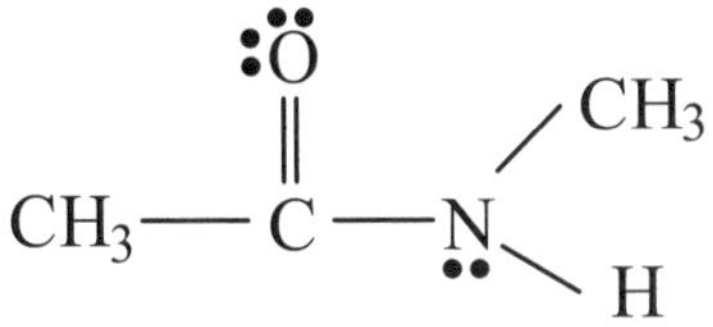

(1)

因C=O的π電子屬於「可移來移去的電子」，又O的陰電性較C的陰電性大，故以O原子為「接受者」，可得如下「共振」結構式（2）：

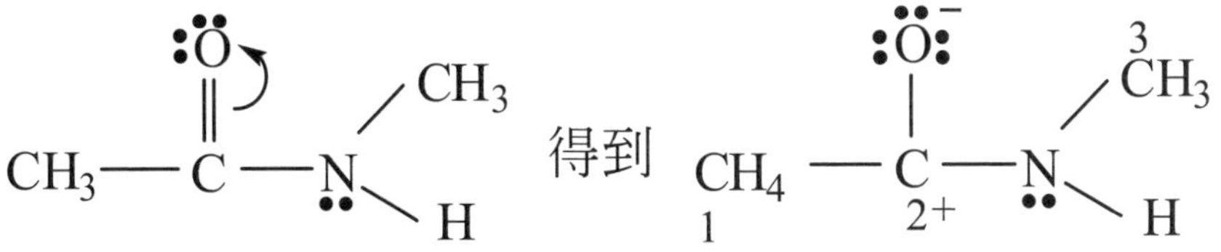

得到

(2)

又N上的一對「未共用電子對」屬於「可移來移去的電子」，而C_2因為擁有一個正電荷，可為「接受者」，故又得以下「共振」結構式（3）：

得到

(3)

故將上述結構式（1）、（2）、（3）用雙箭頭連結在一起，可正確描述N-methylacetamide的價鍵結構。

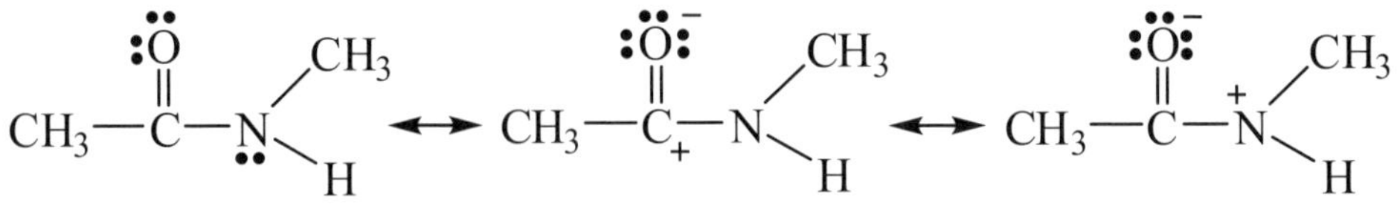

(1)　　　　　　　　　　（2）　　　　　　　　　　（3）

〔例2-58〕：在介紹「共振」結構式裏Nitrobenzene ($C_6H_5NO_2$)，是個相當
著名常見的典型例子。我們就用前面例題所介紹的概念，再次
應用在$C_6H_5NO_2$分子上。

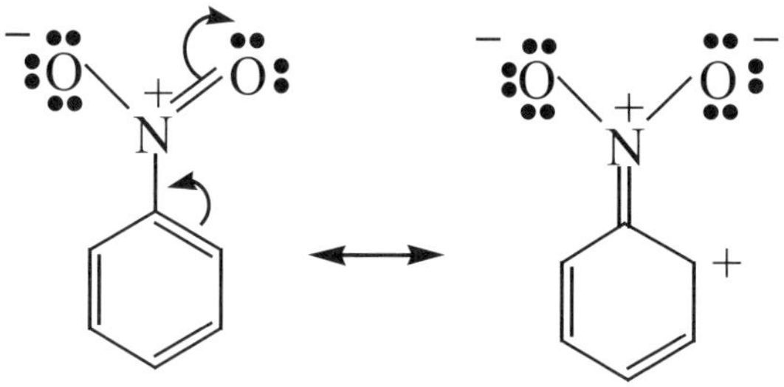

（1）　　　　　　　（2）

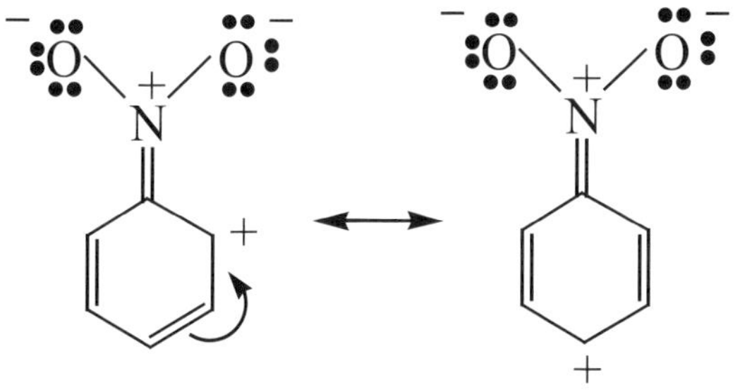

（2）　　　　　　　（3）

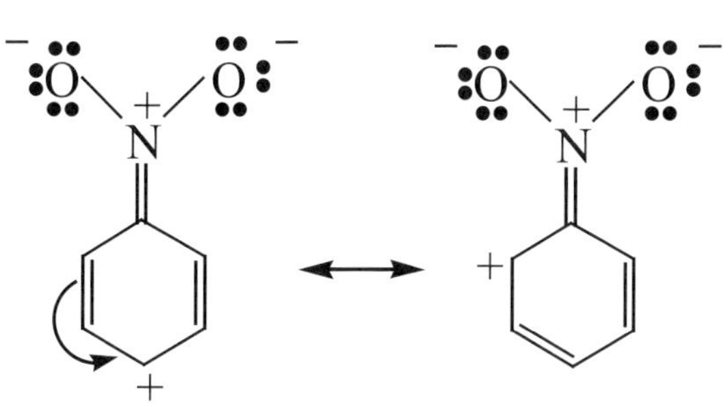

（3）　　　　　　　（4）

　　注意到沒？上述「共振」結構式裏，不論「可移來移去的電子」如何移動，整個分子仍成電中性。我們將上述結構式（1）、（2）、（3）、（4）及其它幾種結構式，用雙箭頭連結在一起，就可正確描述Nitrobenzene的價鍵結構式：

〔例2-59〕：

phosphonium ylide

【練習題】：

在下面練習題裏，每個題目都有好幾個「共振雜交體」。現已寫出一個，請試著寫出其餘的「共振雜交體」。

例 2-60

Propionic acid (3)

$$ H-\overset{\cdot\cdot}{\underset{\cdot\cdot}{O}}-\overset{\overset{\cdot\cdot}{O}}{\overset{\|}{C}}-CH_2-CH_3 $$

解

$$ H-\overset{\cdot\cdot}{\underset{\cdot\cdot}{O}}-\overset{:\overset{\cdot\cdot}{O}:^-}{\underset{+}{C}}-CH_2-CH_3 \longleftrightarrow H-\overset{+}{\underset{\cdot\cdot}{O}}=\overset{:\overset{\cdot\cdot}{O}:^-}{C}-CH_2-CH_3 $$

例 2-61

Ethyl acetate (3)

$$ CH_3-\overset{:\overset{\cdot\cdot}{O}}{\overset{\|}{C}}-\overset{\cdot\cdot}{\underset{\cdot\cdot}{O}}-CH_2-CH_3 $$

解

$$CH_3-\overset{:\overset{..}{O}:^-}{\underset{+}{C}}-\overset{..}{\underset{..}{O}}-CH_2-CH_3 \longleftrightarrow CH_3-\overset{:\overset{..}{O}:^-}{C}=\overset{+}{\underset{..}{O}}-CH_2-CH_3$$

例 2-62

Benzonitrile (7)

$$\langle\!\!\!\!\!\bigcirc\!\!\!\!\!\rangle\!-C\!\equiv\!N\!\!:$$

解

$$\langle\!\!\!\!\!\bigcirc\!\!\!\!\!\rangle\!-C\!\equiv\!N\!\!: \longleftrightarrow \overset{+}{\langle\!\!\!\!\!\bigcirc\!\!\!\!\!\rangle}\!=\!C\!=\!\overset{..}{\underset{..}{N}}:^- \longleftrightarrow \overset{+}{\langle\!\!\!\!\!\bigcirc\!\!\!\!\!\rangle}\!=\!C\!=\!\overset{..}{\underset{..}{N}}:^- \longleftrightarrow$$

$$\langle\!\!\!\!\!\bigcirc\!\!\!\!\!\rangle\!=\!C\!=\!\overset{..}{\underset{..}{N}}:^- \longleftrightarrow \langle\!\!\!\!\!\bigcirc\!\!\!\!\!\rangle\!-\!\overset{+}{C}\!=\!\overset{..}{\underset{..}{N}}:^- \longleftrightarrow \langle\!\!\!\!\!\bigcirc\!\!\!\!\!\rangle\!-\!\overset{+}{C}\!=\!\overset{..}{\underset{..}{N}}:^-$$

例 2-63

An ylide (2)

$$(Ph)_3P\!=\!C\!\!\begin{array}{c}H\\ \\CH_3\end{array}$$

解

$$(Ph)_3P = C - H \longleftrightarrow (Ph)_3\overset{+}{P} - \overset{..}{\underset{..}{C}} - H$$
$$\underset{CH_3}{|} \qquad\qquad \underset{CH_3}{|}$$

例 2-64

2-cyclohexenone (3)

解

§ 2.2 共振式的寫法

又如CH₃COO⁻離子的共振式如下所示：

上述的「共振式」也可採用電子「非定域化式」（delocalized structure）來表示：

$$H_3C-\overset{\displaystyle O}{\underset{\displaystyle O}{C}}\cdots^-$$

其中，上式裏用虛線代表負電荷的「非定域化」。故用虛線和實線共同表達了兩個等長的C－O鍵。

又比如說，烯丙基自由基（propenyl radical）可用括號中的共振式a和b表示，或者用電子「非定域化式」c表示。

$$\left(\cdot CH_2-CH=CH_2 \longleftrightarrow CH_2=CH-CH_2\cdot \ \text{或}\ \overset{\delta\cdot}{CH_2}\text{-----}\overset{\delta\cdot}{CH}\text{-----}\overset{\delta\cdot}{CH_2} \right)$$

$$\qquad\qquad\qquad\ \ a \qquad\qquad\qquad\qquad\quad b \qquad\qquad\qquad\qquad\quad c$$

必須指出的是，「共振式」的書寫不是任意的，必須遵守以下之規則：

〔一〕共振式中的原子位置不變，彼此間的差別僅僅在於電子的分佈排列不同而已。

例如：

$$H_2C=CH-OH \ \overset{\times}{\longleftrightarrow}\ CH_3-CH=O$$

〔二〕共振式中,配對的或未配對的電子數目不變。（此規則多半用在自由基系統的共振體。）

例如:

$$\left[\text{H}_2\text{C}=\text{CH}-\text{CH}_2\cdot \longleftrightarrow \cdot\text{H}_2\text{C}-\text{CH}=\text{CH}_2\right]$$

上式均有三對配對電子和一個獨電子,故為正確共振式。

$$\text{H}_2\text{C}=\text{CH}-\text{CH}_2\cdot \longleftrightarrow\!\!\!\!\!\times\!\!\!\!\!\longrightarrow \overset{\cdot}{\text{C}}\text{H}_2-\overset{\cdot}{\text{C}}\text{H}-\overset{\cdot}{\text{C}}\text{H}_2$$

上式的右邊有3個獨電子,沒有配對電子,故上式不是正確的共振式。

因此,常用箭頭表示電子轉移的方向,可以從一個結構式推得另一個結構式。

例如:

〔三〕中性分子的共振式,可用正負電荷分離方式表達,但電子的移轉要與原子自身的陰電性相吻合。

例如：

$$\left[H_2C\!=\!CH\!-\!\overset{\overset{\displaystyle \cdot\cdot}{O}\cdot\cdot}{C}\!-\!CH_3 \longleftrightarrow \overset{\cdot\cdot}{H_2\underset{+}{C}}\!-\!\overset{\cdot\cdot}{\underset{-}{CH}}\!-\!\overset{\overset{\displaystyle \cdot\cdot}{O}\cdot^{-}}{\underset{+}{C}}\!-\!CH_3 \right]$$

原則上，「共振論」認為：共價鍵較多、每個原子都有完整的八隅體、正負電荷分離程度最小的共振結構式參與成分較大，因為這種結構較為穩定。並且，共振結構式越多的化合物越穩定。

現分別說明如下：

> 〔A〕滿足「八隅體」的共振結構比起未滿足的穩定。

例如：

$$\left[\begin{array}{c} HC\!=\!\overset{+}{\underset{\cdot\cdot}{O}}\!-\!H \\ | \\ H \end{array} \longleftrightarrow \begin{array}{c} H\!-\!\overset{}{C}\!-\!\overset{\cdot\cdot}{\overset{+}{O}}\!-\!H \\ | \\ H \end{array} \right]$$

∵每個分子皆符合「八隅體」　　　　較不穩定、貢獻小

∴較穩定、貢獻大

例如：

$$\left[\begin{array}{c} H_3C\!-\!\overset{+}{C}\!-\!\overset{\cdot\cdot}{\underset{\cdot\cdot}{Cl}}\!: \\ | \\ H \end{array} \longleftrightarrow \begin{array}{c} H_3C\!-\!C\!=\!\overset{+}{\underset{\cdot\cdot}{Cl}}\!: \\ | \\ H \end{array} \right]$$

較不穩定、貢獻小　　　　∵每個原子皆符合「八隅體」

∴較穩定、貢獻大

〔**B**〕沒有正負電荷分離的共振式，比有正負電荷分離的共振式穩定。

例如：

∵無正負電荷分離   較不穩定、貢獻小

∴較穩定、貢獻大

因此，通常用此結構式來表示CH_3COOH的結構。

〔**C**〕電子在分子內流動全身的共振式，較只是局部流動的共振式，來得
穩定。

例如：propenyl radical

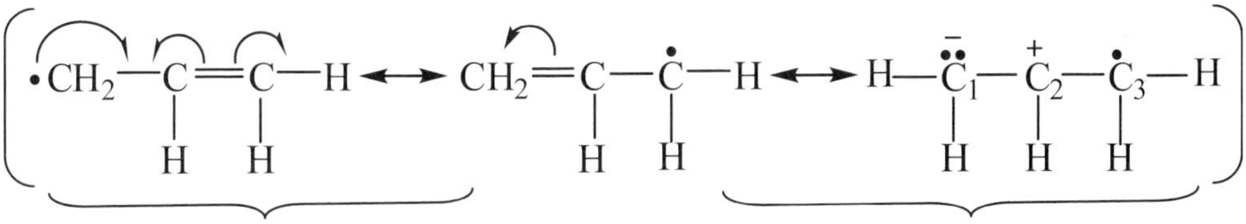

∵電子在分子內流動全身   ∵電子只在C_1和C_2處做局部流動

∴較穩定、貢獻大   ∴較不穩定、貢獻小

〔**D**〕在滿足「八隅體」且有正負電荷分離的共振結構式裏，陰電性大的
原子帶負電荷、陰電性小的原子帶正電荷者，較爲穩定。

例如：

$$\left(H - \overset{\overset{\displaystyle H}{\mid}}{\underset{}{\overset{..}{C}}} - \overset{+}{N} \equiv \overset{..}{N} \longleftrightarrow H - \overset{\overset{\displaystyle H}{\mid}}{C} = \overset{+}{N} = \overset{-}{\underset{..}{N}} \right)$$

較不穩定、貢獻小　　　　　∵N的陰電性較C大，

故N可擁有負電荷。

∴較穩定、貢獻大。

〔E〕前面〔B〕提到過：有電荷分離的共振結構式穩定性較差。而兩個
正負電荷相離越遠的共振結構式，其穩定性更差。

這是因為正負電荷之間有吸引力，要讓它們分離必須提供一定的能
量；分離越遠，需要提供的能量越多。

同理，兩個同號電荷相隔越近的共振結構式，其穩定性也差。因為兩個
同號電荷之間有斥力，要讓它們靠近也需要提供能量。

〔F〕共價鍵數目越多的共振結構式越穩定。

例如：1,3-butadiene可寫出6種共振式。它的真正結構是該6種共振結構
式的「共振雜交體」。

$$\underset{1}{CH_2} = \underset{2}{CH} - \underset{3}{CH} = \underset{4}{CH_2} \longleftrightarrow \overset{+}{CH_2} - CH = CH - \overset{..}{\overset{-}{C}H_2} \longleftrightarrow$$

(1)　　　　　　　　　　　　　　　(2)

$$\overset{..}{\overset{-}{C}}H_2 - CH = CH - \overset{+}{C}H_2 \longleftrightarrow CH_2 = CH - \overset{..}{\overset{-}{C}}H - \overset{+}{C}H_2 \longleftrightarrow$$

(3)　　　　　　　　　　　　　　　(4)

$$CH_2 = CH - \overset{+}{C}H - \overset{..}{\overset{-}{C}}H_2 \longleftrightarrow \underset{1}{CH_2} - CH = CH - \underset{4}{CH_2}$$

(5)　　　　　　　　　　　　　　　(6)

因為在第（6）式中，C_1和C_4間有生成化學鍵（用虛線表示），此鍵長太長，因此，第（6）式之共振結構式對整個1,3-butadiene結構，貢獻不大。

因為根據〔C〕，第（4）式和第（5）式雖然正負電荷相距近，但它們皆屬於電子局部流動的共振式（因為正負電荷只集中在C3和C4身上），故穩定性差，對整個1,3-butadiene結構，貢獻不大。

因為根據〔E〕，第（2）式和第（3）式的正負電荷相距較遠，故穩定性差，也對整個1,3-butadiene結構，貢獻不大。

只有第（1）式，因為它沒有正負電荷分離（∵根據〔B〕），且第（1）式含11個共價鍵，而第（2）式和第（3）式只含10個共價鍵，依據〔F〕，第（1）式較為穩定。

所以，總括上述結果，可知只有第（1）式對真正結構的貢獻程度最高，因此，平時我們用第（1）式表示1,3-butadiene結構，比較恰當。

在此補充一點的是，實驗觀測上發現到：1,3-butadiene的鍵長彼此差異很小，也就是說，1,3-butadiene的鍵長有平均化的現象。「共振論」對此一現象解釋如下：

已經證明在上述的6個共振結構式中，以第（1）式最為穩定，貢獻最大，顯然的，1,3-butadiene的結構主要近似於第（1）式。

第（4）式和第（5）式的貢獻其次，這二個共振式使得C_1-C_2為雙鍵，而使C_3-C_4為單鍵。

第（2）式和第（3）式的貢獻更小，這二個共振式使得C_2-C_3為雙鍵，C_1-C_2及C_3-C_4為單鍵。

第（6）式的貢獻最小，它使得C_2-C_3爲雙鍵，C_1-C_2、C_3-C_4、C_1-C_4爲單鍵。

將上述這些共振式結果綜合起來，結果C_1-C_2、C_3-C_4基本上接近於雙鍵，而C_2-C_3之間有部分雙鍵成分存在，但仍以單鍵爲主。

故這就是1,3-butadiene鍵長平均化的背後原因。

〔G〕共振結構式越多，該分子越穩定。

因爲分子的「共振結構式」數目越多，意味著電子會在全身上下到處流動，形成所謂的「非定域化」現象，而使得整個分子能量下降，更加穩定。

這對離子而言，它的「共振結構式」越多，效果越好，因爲離子自身會帶正或負電荷，一旦「共振結構式」數目越多，電子流動全身，形成「非定域化」，電荷因而分散在全身上下，沖淡電子雲分佈不均勻的可能性，使得離子得以穩定下來。

例如：當親電子試劑（electrophile）E＋攻擊氯苯（C_6H_5Cl）時，會有以下
    三種路徑：

（i）攻擊鄰位（ortho position）

（ii）攻擊間位（meta position）

（iii）攻擊對位（para position）

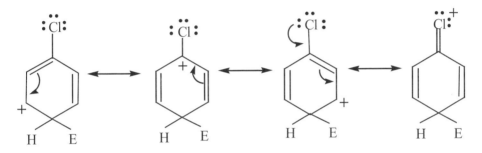

　　由（i）、（ii）、（iii）可見，（i）和（iii）的「共振結構式」有4個，而（ii）只有3個，可見（i）和（iii）的結果，可使得正電荷在氯苯上均勻分佈，不像（ii）的結果，只把正電荷集中在苯環上而已，因此（i）和（iii）會比（ii）來得穩定。也就是說，親電子試劑E＋在和氯苯作用時，主要會發生在鄰位及對位的位置。

我們再強調一次：

(a) 不同的共振結構式，其穩定性亦不相同。

(b)「共振論」認為：共振結構式若有電荷存在，則電荷越分散越穩定。或者說：電荷若只集中在某一部位，會使共振結構式不穩定。

(c) 原子具有完整的價電子層（即滿足「八隅體」）的共振式，較原子不具

有完整價電子層（即不滿足「八隅體」）來得穩定。

(d) 當所有原子皆滿足「八隅體」時，其中以不帶正負電荷的共振式最爲穩定。

(e) 對於所有原子皆滿足「八隅體」，但卻帶正負電荷的共振式來說：負電荷處在陰電性大的原子上，而正電荷處在陰電性小的原子上，這樣的共振式穩定性提高。

(f) 描述分子結構的共振結構式越多，該分子就越穩定。

(g) 實際上，「共振結構式」是不存在的。

但直到目前爲止，尚未找到一個合適的結構式，來描述這種「雜交混合體」，所以只好用一些「共振式」，來描述該分子的眞正結構。

(h) 「共振」現象必須要參與的原子都在共平面上，才能發生。

例如：下面3個例子，皆不能做爲1,3-butadiene的共振式：

$$CH_2 = CH = CH - CH_2$$
$$\quad 1 \qquad 2 \qquad 3 \qquad 4$$

(1)

$$CH_2 = CH - \underset{\bullet\bullet}{CH} - \underset{\bullet\bullet}{CH_2}$$

(2)

$$CH_2 = \underset{|}{C} - CH_2$$
$$\qquad CH_2$$

(3)

理由是：（1）因爲第（1）式的C_2接5個化學鍵，而C_4只接3個化學鍵，不符合Lewis結構的要求。

（2）因爲第（2）式含有4個未成對的電子，與前面1,3-butadiene

的6個共振式的未成對電子的數目不一致。

（3）因為第（3）式和原先1,3-butadiene的6個共振式的原先排列
順序不同。

例如：

$$CH_2\!\!=\!\!\overset{+}{\underset{\cdot\cdot}{O}}\!\!-\!\!H \quad\longleftrightarrow\quad \overset{+}{C}H_2\!\!=\!\!\overset{\cdot\cdot}{\underset{\cdot\cdot}{O}}\!\!-\!\!H$$

上述的共振結構式中，以左邊共振式較右邊共振式穩定。因為右式
中，帶正電荷的C，沒有完整的價電子層（即不滿足「八隅體」的要
求。）

例如：

$$^-\!:\!CH_2\!\!-\!\!CH\!\!=\!\!\overset{\cdot\cdot}{\underset{\cdot\cdot}{O}} \quad\longleftrightarrow\quad CH_2\!\!=\!\!CH\!\!-\!\!\overset{\cdot\cdot}{\underset{\cdot\cdot}{O}}{}^-$$

上述的共振結構中，以右邊共振式較左邊共振式穩定。因為右式中，負
電荷出現在陰電性大的O原子上。

【練習題】

例 2-65

下列各式中那些是錯誤的示範？

(1) $\left[\begin{array}{c} \underset{\displaystyle CH_3-\overset{\displaystyle \overset{O}{\parallel}}{C}-C}{} \longleftrightarrow \underset{\displaystyle CH_3-\overset{\displaystyle \overset{OH}{\mid}}{C}=CH_2}{} \end{array}\right]$

(2) $\left[\ \bar{O}-\overset{+}{O}=O \longleftrightarrow O=\overset{+}{O}-\bar{O}\ \right]$

(3) $\left[\ CH_2=CH-\overset{+}{C}H_2 \longleftrightarrow \overset{+}{C}H_2-CH=CH_2\ \right]$

(4) $\left[\ CH_2=CH=CH_2 \longleftrightarrow CH_2=\overset{\displaystyle \cdot}{C}-\overset{\displaystyle \cdot}{C}H_2\ \right]$

(5) $\left[\ :\bar{C}\equiv\overset{+}{N}-F \longleftrightarrow :C=N\overset{\diagup F}{}\ \right]$

解

(1) （∵〔一〕）

(4) （∵〔一〕）

(5) （∵〔一〕）

例 2-68

$$CH_2=\underset{\displaystyle H}{\overset{\displaystyle}{C}}-\overset{\displaystyle ..}{\underset{\displaystyle ..}{Cl}}:$$

用共振論解釋氯乙烯分子（　　　）的C－Cl單鍵較一般分子的C－Cl鍵短。

解

$$\left[CH_2 = CH - \ddot{\underset{\displaystyle ..}{Cl}}: \quad \longleftrightarrow \quad \overset{\displaystyle -}{\ddot{C}}H_2 - CH = \overset{\displaystyle +}{\underset{\displaystyle ..}{Cl}} \right]$$

$$\qquad\qquad A \qquad\qquad\qquad\qquad\qquad B$$

上述共振式裏，以A較穩定，對整個「共振雜交體」貢獻較大。B雖然穩定性差，但仍有貢獻，這使得氯乙烯裏的C－Cl鍵具有雙鍵性質，因此它會比一般C－Cl鍵來得穩定。

例 2-66

下列共振式中，那些是錯誤的？那些是正確的？

（1） $\left[CH_2 = C = CH_2 \quad \longleftrightarrow \quad CH \equiv C - CH_3 \right]$

（2）
$$\left[\begin{array}{cc} & \\ \end{array} \right]$$

（3） $\left[:\overset{\displaystyle -}{\ddot{O}} - \overset{\displaystyle +}{\ddot{O}} = \ddot{O} \quad \longleftrightarrow \quad \ddot{O} = \overset{\displaystyle +}{\ddot{O}} - \ddot{O}: {}^{\displaystyle -} \right]$

（4） $\left[CH_3 - \underset{\displaystyle ..}{N} = C = \ddot{O} \quad \longleftrightarrow \quad CH_3 - \overset{\displaystyle +}{N} \equiv C - \ddot{\underset{\displaystyle ..}{O}}: {}^{\displaystyle -} \right]$

（5）
$$\left[:\overset{\displaystyle -}{\underset{\displaystyle ..}{C}}H_2 - \overset{\displaystyle +}{N} \equiv N: \quad \longleftrightarrow \quad CH_2 = \overset{\displaystyle +}{N} = \overset{\displaystyle -}{\ddot{N}}: \quad \longleftrightarrow \quad :\overset{\displaystyle -}{\underset{\displaystyle ..}{C}}H_2 - \underset{\displaystyle ..}{N} = \overset{\displaystyle +}{N}: \right]$$

解

　　(1) 錯（∵〔一〕）；(2) 對；(3) 對；(4) 對；(5) 對。

例 2-67

下列共振式中，那一種「共振結構式」貢獻較大？

(6)

解

(1) a（∵〔B〕）

(2) b（∵〔D〕）

(3) b（∵〔D〕）

(4) a（∵〔B〕）

(5) a（∵〔B〕）

(6) b＞a＞c（∵〔B〕和〔D〕）

第三章　反應機構 (I)

§3.1 前言

感謝物理有機化學家（physical organic chemists）在過去數十年來的努力，使得我們能用筆和紙，再加上簡單邏輯，就可以不需要親手做實驗，便能很快推知有機反應的結果。

因此，學有機化學的人，不懂得如何寫有機反應機構是件不可思議的事。會寫反應機構，不但可以幫助我們對有機分子性質的了解，預測大概的產物是什麼，避免做無謂的虛功；在消極方面，也可以避開背一大堆的化學反應式，而叫苦連天。誰說有機化學是用背的，當你懂得如何寫「有機反應機構」，你將同意我的說法：「有機化學是再簡單不過的一門學科。」

§3.2 σ鍵的斷裂（Sigma Bond Breaking）

[Type 1]

$$A \overset{\frown}{-} \ddot{\underset{..}{B}}: \longrightarrow A^+ + :\ddot{\underset{..}{B}}:^-$$

說明：

（ⅰ）這是個「不均勻分裂」的反應。

（ⅱ）注意：箭頭的尾端是在單鍵(又稱 σ 鍵上)；箭頭的尖端朝向B原子。

（ⅲ）形如[Type 1]的反應發生在：當B原子的陰電性比A原子的陰電性大。如此一來，當A－B鍵斷裂後，斷裂電子會留在B原子上，而A原子則不帶走任何一個電子。

（ⅳ）[Type 1]的反應經常會出現在S_N1反應機構。

〔例3-1〕：t-butyl chloride ⟶ t-butyl cation ＋ chloride anion

$$H_3C-\underset{\underset{CH_3}{|}}{\overset{\overset{CH_3}{|}}{C}}-Cl \longrightarrow H_3C-\underset{\underset{CH_3}{|}}{\overset{\overset{CH_3}{|}}{C}}^{+} \quad + \quad :\overset{..}{\underset{..}{Cl}}:^{-}$$

⟱ ⟱

之所以出現＋號，是因為中心 之所以出現－號，是因為中
C原子的「形式電荷」為： 心Cl原子的「形式電荷」為：

$4-6/2-0=+1$ $7-8-0=-1$

〔例3-2〕：cyclohexyl bromide ⟶ cyclohexyl cation + bromide ion

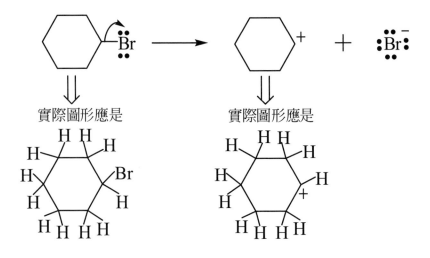

實際圖形應是　　　　　　實際圖形應是

[Type 2]

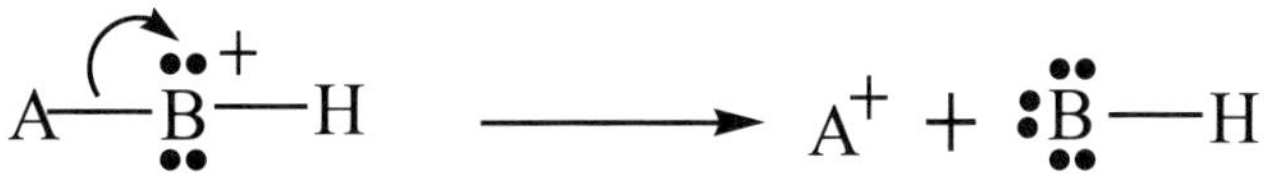

說明：

（i）這是個「不均勻分裂」的反應。

（ii）形如「Type 2」的反應發生在：當B原子的陰電性較A原子的陰電性
大，故A－B斷鍵時，斷裂後的電子會留在B原子上，而A原子則不
帶走任何一個電子。

（iii）這樣的「反應機構」常發生在醇類（alcohol）脫水的反應。

〔例3-3〕：

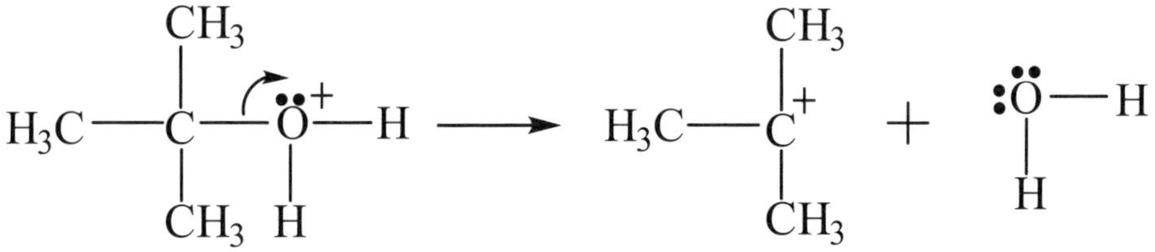

〔例3-4〕：Epoxide在酸催化（即和H^+作用）下，三角環的 σ 鍵會斷裂：

（1）

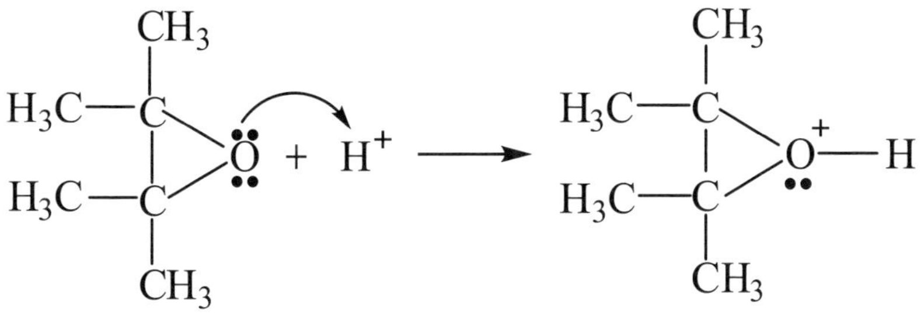

（2）

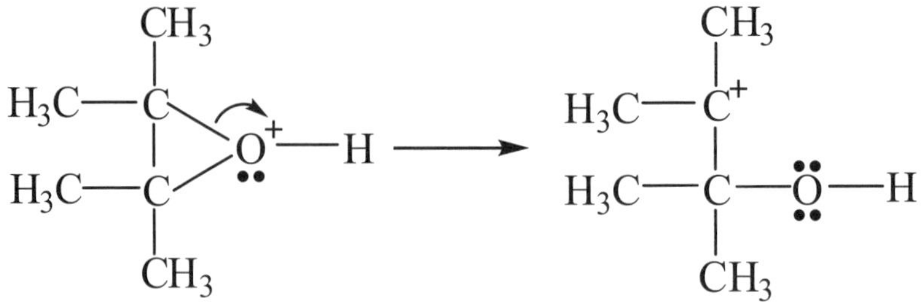

〔依據[Type 2]之反應機構〕

〔例3-5〕：Methoxymethyl acetate 在酸催化（acid-catalyzed）下的脫酸
（即脫去acetic acid）反應：

（1）

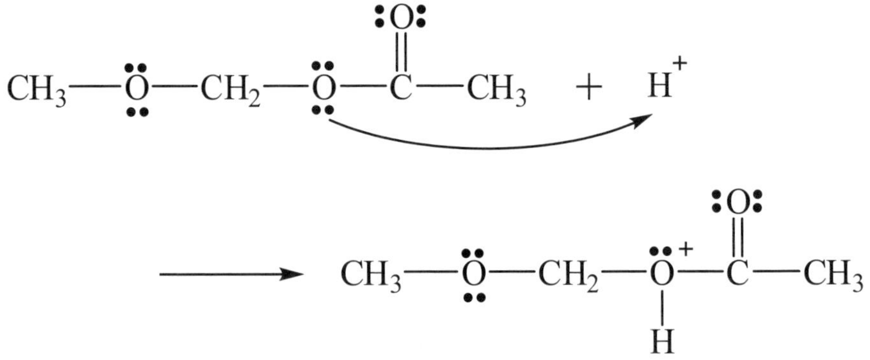

（2）

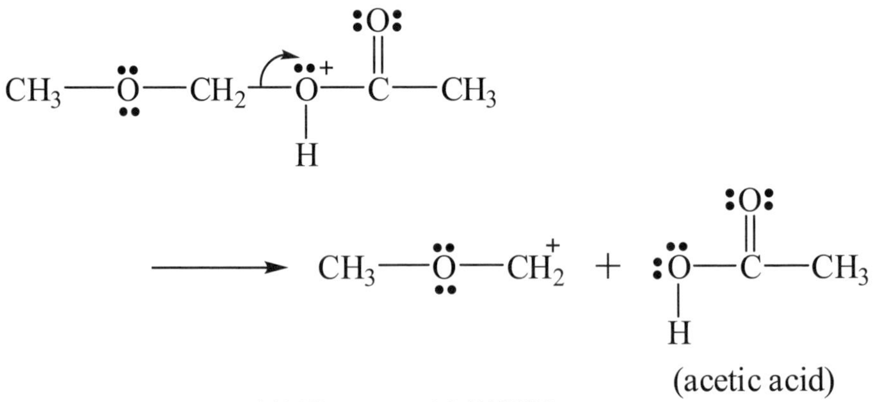

(acetic acid)

〔依據[Type 2]反應機構〕

【練習題】

以下是和 σ 鍵斷裂相關的題目。請提供箭頭及產物，並且記得反應式的左右二部分要電荷平衡。例如：若一個中性反應物解離，則其產物的總電荷必然等於零。

例 3-6

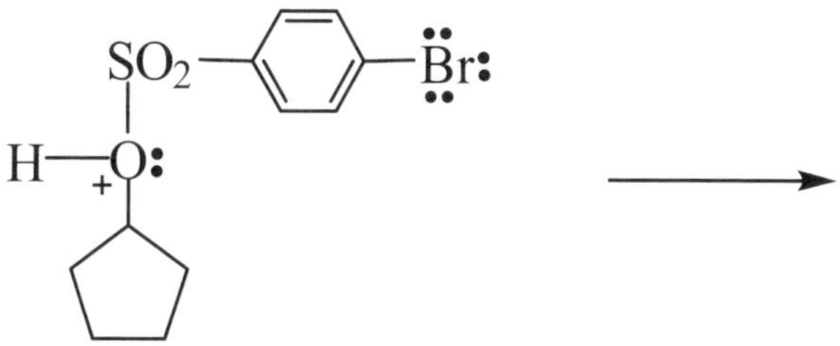

解

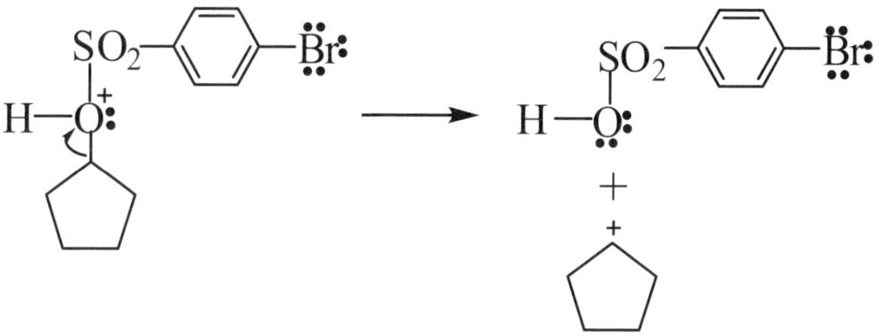

例 3-7

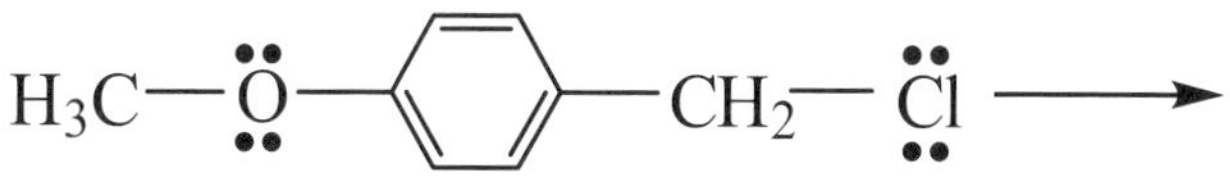

解

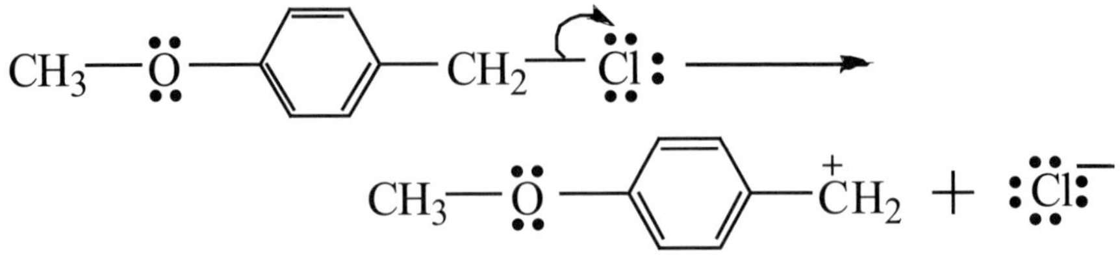

例 3-8

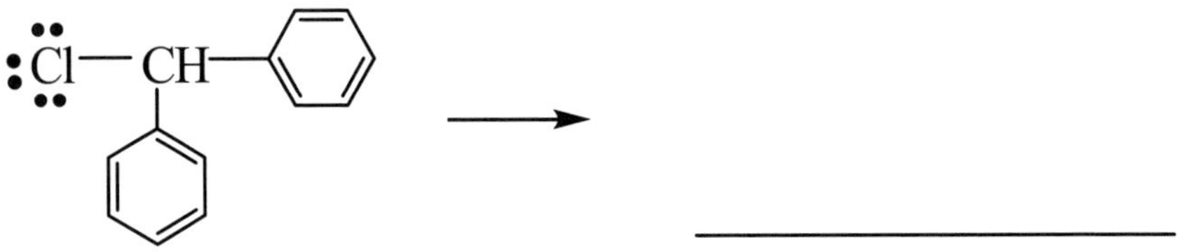

解

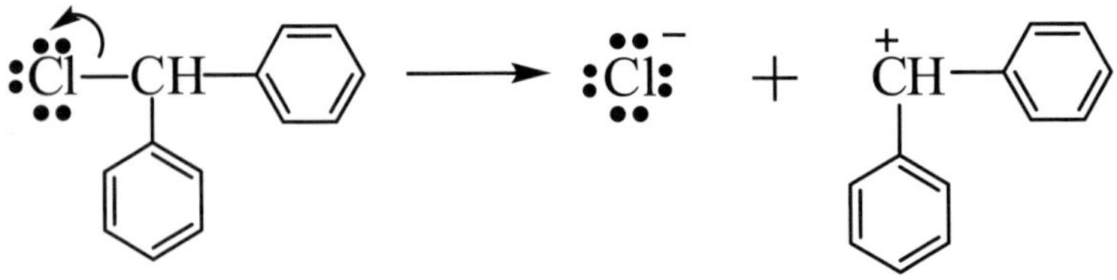

例 3-9

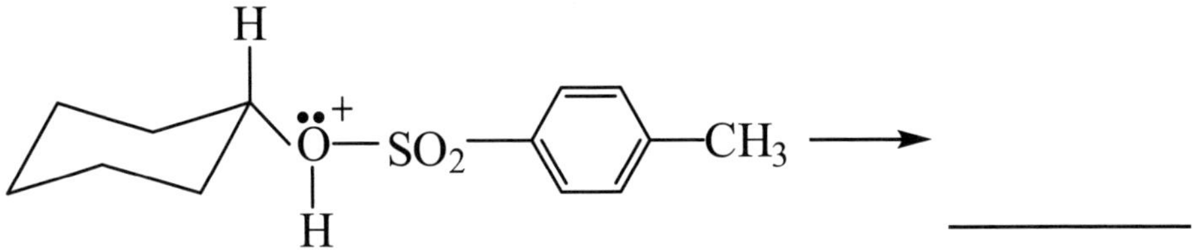

解

例 3-10

解

例 3-11

解

$$CH_3-\underset{\underset{CH_3}{|}}{\overset{\overset{CH_3}{|}}{C}}-\overset{+}{\underset{H}{\ddot{O}}}-\overset{\overset{\ddot{\ddot{O}}}{\|}}{C}-C_6H_5 \longrightarrow$$

$$CH_3-\underset{\underset{CH_3}{|}}{\overset{\overset{CH_3}{|}}{\overset{+}{C}}} \quad + \quad \underset{H}{\ddot{O}}-\overset{\overset{\ddot{\ddot{O}}}{\|}}{C}-C_6H_5$$

例 3-12

$$C_6H_5-\overset{\overset{\ddot{\ddot{O}}}{\|}}{C}-\overset{+}{\underset{H}{\ddot{O}}}-CH_2-\ddot{O}-CH_2-CH_3 \longrightarrow \underline{\qquad\qquad}$$

解

$$C_6H_5-\overset{\overset{\ddot{\ddot{O}}}{\|}}{C}-\overset{+}{\underset{H}{\ddot{O}}}-CH_2-\ddot{O}-CH_2-CH_3 \longrightarrow$$

$$C_6H_5-\overset{\overset{\ddot{\ddot{O}}}{\|}}{C}-\underset{H}{\ddot{O}}: \quad + \quad \overset{+}{C}H_2-\ddot{O}-CH_2CH_3$$

§3.3 σ鍵的生成 （**Sigma Bond Making**）

[Type 3]

說明：

（i）[Type 3]反應事實上就是[Type 1]反應的逆反應。

（ii）形如[Type 3]的反應會發生在：

　　(1) 陰電性大的B原子攻擊陰電性小的A原子。

　　(2) 帶負電荷的B陰離子攻擊帶正電荷的A陽離子。

　　(3) 帶「未共用電子對」的B原子攻擊缺電子的A原子。（參考
　　　　[Type4]）

（iii）[Type 3]的反應的本質就是：

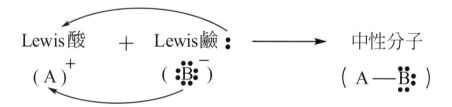

（iv）注意：箭頭的尾端是在「未共用的電子對」上；箭頭的尖端朝向
　　　A+離子。

（v）[Type 3]的反應機構，多半發生在S_N1反應的最後一步形成σ鍵時出
　　　現。

〔例3-13〕：α-phenylethyl cation＋acetate ion ⟶ ester

〔例3-14〕：sec-butyl cation＋bromide ion ⟶ sec-butyl bromide

[Type 4]

說明：

（i）[Type 4]的反應其實就是[Type 3]反應的延伸；見[Type 3]反應的「說明」之(ii)-(3)。

（ii）Nu:代表「親核劑」(nucleophiles)，渴望和帶正電荷的原子或缺電子的原子鍵結。

（iii）當然，就如[Type 3]反應的「說明」之(iii)所說的，[Type 4]反應本質上就是個「Lewis酸鹼反應」。

〔例3-15〕：鹵化物（alkyl halides）放在乙醇（ethanol）裏，會形成碳陽離子（carbocation），其反應機構表示如下：

(1)

$$R - \overset{\overset{\displaystyle R'}{|}}{\underset{\underset{\displaystyle R''}{|}}{C}} - \overset{\cdots}{\underset{\cdots}{X}} : \longrightarrow -\overset{\overset{\displaystyle R'}{|}}{\underset{\underset{\displaystyle R''}{|}}{C}}{}^+ + :\overset{\cdots}{\underset{\cdots}{X}} : {}^-$$

(X = Cl , Br)

【依據（Type 1）之反應機構】

(2)

$$R - \overset{\overset{\displaystyle R'}{|}}{\underset{\underset{\displaystyle R''}{|}}{C}}{}^+ \quad \overset{\cdots}{\underset{\underset{\displaystyle H}{|}}{O}} - CH_2 - CH_3 \longrightarrow R - \overset{\overset{\displaystyle R'}{|}}{\underset{\underset{\displaystyle R''}{|}}{C}} - \overset{+}{\underset{\underset{\displaystyle H}{|}}{O}} - CH_2 - CH_3$$

【依據（Type 4）之反應機構】

〔例3-16〕：Carbocation可以和amine（胺類）作用，依據[Type 4]，其反應機構表示如下：

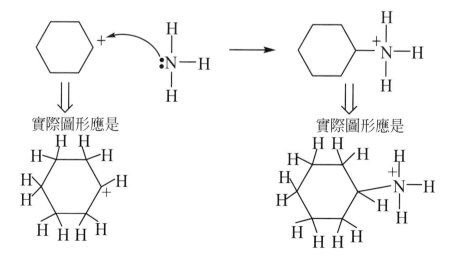

實際圖形應是

在進入下一單元前,有四大原則必須記住,且嚴格遵守:

【原則一】電子永遠是朝正電荷中心移動。(本來嘛,正負相吸!)

【原則二】雖然正電荷的位置可以改變,但絕對不准箭頭引導正電荷。

也就是

電子 → 正電荷   正電荷 → 電子

(可以)   (不可以)

(這是因為之所以產生正電荷,是由於「缺電子」,而只有電子的流動,才能造成「缺電子」或「多電子」的現象。)

【原則三】整個反應系統的總電荷必須守恆。

也就是說,反應式右邊的總電荷一定要等於反應式左邊的總電荷。

【原則四】整個反應式的總電子數(指「價電子」)也必須守恆。

也就是說,反應式右邊的總價電子數一定要等於反應式左邊的總價電子數。

【練習題】

以下是和 σ 鍵鍵結相關的題目。請提供箭頭及產物。

例 3-17

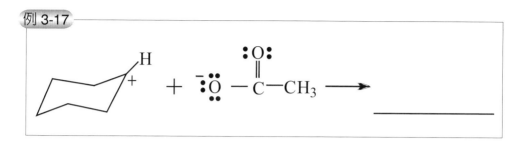

解

例 3-18

解

例 3-19

解

$$CH_2\text{—}\overset{+}{C}H_2$$
$$:\overset{\cdot\cdot}{O}:$$
$$|$$
$$H$$

⟶

$$CH_2\text{—}CH_2$$
$$\overset{\cdot\cdot}{O}{}^+$$
$$|$$
$$H$$

例 3-20

$$CH_3\text{—}CH_2\text{—}\underset{+}{\overset{\overset{\displaystyle CH_3}{|}}{CH}} \;+\; \overset{\overset{\displaystyle H}{|}}{:\overset{\cdot\cdot}{O}}\text{—}CH_3 \longrightarrow \underline{\hspace{4cm}}$$

解

$$CH_3\text{—}CH_2\text{—}\underset{+}{\overset{\overset{\displaystyle CH_3}{|}}{CH}} \quad :\overset{\cdot\cdot}{\underset{|}{O}}\text{—}CH_3 \longrightarrow CH_3\text{—}CH_2\text{—}\overset{\overset{\displaystyle CH_3}{|}}{CH}\text{—}\overset{\cdot\cdot}{\underset{|}{O}}{}^+\text{—}CH_3$$
$$\qquad\qquad\qquad\qquad H \qquad\qquad\qquad\qquad\qquad\qquad H$$

例 3-21

$$Ph-\overset{+}{\underset{Ph}{CH}} \quad + \quad \overset{H}{\underset{H}{:N-CH_3}} \quad \longrightarrow$$

_____

解

$$Ph-\overset{+}{\underset{Ph}{CH}} \quad \overset{H}{\underset{H}{:N-CH_3}} \quad \longrightarrow \quad Ph-\overset{H}{\underset{Ph}{CH-\overset{+}{N}}}\overset{+}{\underset{H}{-CH_3}}$$

§3.4 化學鍵同時生成和斷裂
（**Simultaneous Bond Making and Breaking**）

[Type 5]

　　σ 鍵的生成和斷裂（Sigma Bond Making and Breaking）

$$\left[\overset{-}{\underset{}{\ddot{N}u}} \quad \overset{}{\underset{}{C-L}} \quad \longrightarrow \quad Nu-C \quad + \quad L\overset{-}{\ddot{\cdot}} \right]$$

說明：

（i）同時生成和斷裂 σ 鍵的最佳實例，就是S_N2反應。由以上的反應機構
　　　可知：

帶有負電荷的「親核劑」(nucleophile) Nu:去攻擊一個中心C原子，生成一個Nu－C鍵。同時，C－L鍵會斷裂，通常是L基的陰電性比C原子的陰電性大，故斷裂後的電子會跟著L基一起離開，生成L:－「離去基」(leaving group)。

(ii) 上面[Type 5]反應機構的寫法，是為了清楚表達S_N2反應的「立體化學」(stereochemistry)模型。一般常見的寫法是：

〔例3-22〕：Methyl iodide和bromide會進行S_N2的反應。

- -

〔例3-23〕：Hydroxide ion（OH$^-$）會和ethyl chloride（C_2H_5Cl）進行S_N2的反應。

- -

〔例3-24〕：Hydroxide ion（OH$^-$）會和benzyl chloride（$C_6H_5CH_2Br$）進行S_N2的反應。

[Type 6]

說明：

　　有機反應並非一成不變，都只是發生在中心C原子身上而已，有時候也會發生在除C之外的其它原子上。以[Type 6]為例，一個「Lewis鹼」：B⁻會攻擊一個H原子，造成A－H鍵的斷裂，由於通常是A官能基的陰電性大於H原子的陰電性，因此斷裂後的電子會跟著A基一起離開，生成一個 $\overset{\bullet\bullet}{A}{}^-$ 和一個H－B分子。

〔例3-25〕：Hydroxide ion（OH⁻）會和phenol(C₆H₅OH)作用，從phenol身上取走一個質子（H⁺），生成水和陰離子。

〔例3-26〕：Amide ion（：NH₂⁻）是個強鹼，會從乙炔（acetylene，HCCH）身上取走一個質子（H⁺）。

$$H-C\equiv C-H \qquad :\overset{\overset{\displaystyle -}{|}}{\underset{\displaystyle H}{N}}-H \longrightarrow H-C\equiv C:^- + H-\overset{\overset{\displaystyle \cdot\cdot}{|}}{\underset{\displaystyle H}{N}}-H$$

〔例3-27〕：Ethoxide ion（$C_2H_5O^-$）是個強鹼，會從乙醛（acetaldehyde）身上取走一個質子（H^+）。

$$CH_3-CH_2-\overset{\cdot\cdot}{\underset{\cdot\cdot}{O}}:^- \qquad H-CH_2-C\overset{:O:}{\underset{H}{}}$$

$$\longrightarrow CH_3-CH_2-\overset{\cdot\cdot}{\underset{\cdot\cdot}{O}}-H + ^-:CH_2-C\overset{:O:}{\underset{H}{}}$$

〔例3-28〕：Grignard Reaction是有機化學的一個重要化學反應之一。其Grignard試劑（Grignard reagent）通式寫成RMgX，實際上是被看成（R^-）（MgX^+）。這是因為Mg的陰電性比R基的C原子陰電性小，故R－Mg鍵帶有離子性，也就是R－Mg鍵上的電子大多集中在R基的C原子上，造成Mg原子缺電子，所以Mg帶有正電荷。

例如：Ethyl magnesium bromide（C_2H_5MgBr）會和ethylene oxide（C_2H_4O）作用。其中C_2H_5MgBr會形成$C_2H_5^-$和$MgBr^+$，前者ethyl anion（$C_2H_5^-$）為「親核劑」（nucleophile），會去攻擊ethylene oxide的C原子，造成C－O鍵斷裂，因為O原子的陰電性比C原子的陰電性大，故斷裂後的電子會隨著O原子一起離開。

$$CH_3-\overset{-}{\overset{\displaystyle ..}{C}H_2} \qquad \overset{\displaystyle CH_2}{\underset{\displaystyle CH_2}{\diagdown}}\!\!\overset{..}{\underset{..}{O}} \longrightarrow \overset{+}{MgBr} + \overset{\displaystyle CH_3-CH_2-CH_2}{\underset{\displaystyle CH_2-\overset{..}{\underset{..}{O}}{:}^-}{}}$$

$$\overset{+}{MgBr}$$

〔例3-29〕：Propyl magnesium iodide（C_3H_7MgI）會和ethylene oxide（或稱
epoxide，C_2H_4O）作用。

$$CH_3-CH_2-\overset{-}{\overset{..}{C}H_2} \quad \overset{\displaystyle CH_2}{\underset{\displaystyle CH_2}{\diagdown}}\!\!O \longrightarrow \overset{+}{MgI} + \overset{\displaystyle CH_3-CH_2-CH_2-CH_2}{\underset{\displaystyle CH_2}{\underset{\displaystyle :\overset{..}{O}:^-}{}}}$$

$$\overset{+}{MgI}$$

〔例3-30〕：Alcoholate anion（$C_2H_5O^-$）會和epoxide作用，打開epoxide的
環。

$$CH_3-CH_2-\overset{..}{\underset{..}{O}}{:}^- \quad \overset{\displaystyle CH_3}{\underset{\displaystyle CH}{|}}\!\!\overset{\displaystyle CH}{\underset{\displaystyle CH_3}{|}}\!\!\overset{..}{\underset{..}{O}} \longrightarrow \overset{+}{MgX} + \overset{\displaystyle CH_3-CH_2-\overset{..}{\underset{..}{O}}-\overset{\displaystyle CH_3}{\underset{}{CH}}}{\underset{\displaystyle CH-\overset{..}{\underset{..}{O}}{}^-}{\underset{\displaystyle CH_3}{}}}$$

$$\overset{+}{MgX}$$

[Type 7]

說明：

（i）「親核劑」也有可能不帶負電荷，但帶有一對「未共用電子對」，成為Nu:，也就是成為所謂的「Lewis鹼」。這樣的「Lewis鹼」會去攻擊帶有正電荷的酸（A－X$^+$），使A－X鍵斷裂，因為通常是X的陰電性大於A的陰電性，故斷裂後的電子會隨著X一起離開，而原本X身上的正電荷會改轉移到Nu身上。

（ii）如同前面介紹的反應一樣，[Type 7]反應本質上也是個：

Lewis酸＋Lewis鹼 ⟶ 中性分子

的「Lewis酸鹼反應」。

〔例3-31〕：Cyclohexanol可從hydronium ion取得一個質子（H$^+$）。

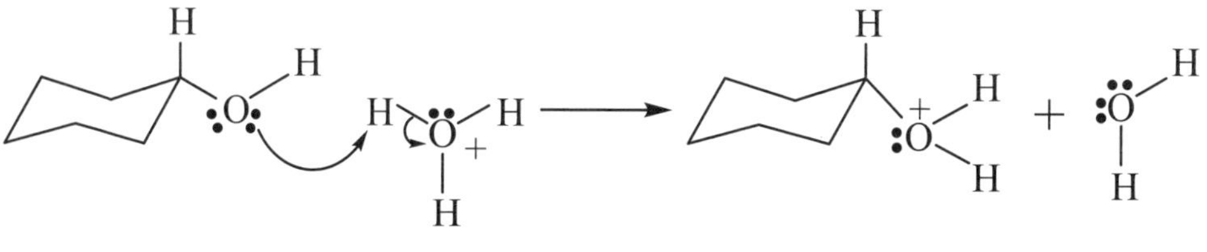

〔例3-32〕：了解反應機構寫法的一些基本法則後，我們可以來判斷各種反應路徑發生的可能性。舉例來說，當RMgX之grignard reagent和epoxide作用，可得以下反應路徑：

$$CH_3 - CH - CH_3 \quad + \quad H_3C - CH - CH - CH_3 \quad (\overset{\cdots}{\underset{\cdots}{O}})$$

（反應路徑 1）　　　　　　　　　　（反應路徑 2）

＊由上述二反應路徑比較，很顯然的，以（反應路徑1）最有可能發生；而（反應路徑2）較不可能發生，可視為「副反應」。理由是O的陰電性比C的陰電性大，當然希望負電荷集中在陰電性大的O原子上，這樣一來整個反應系統才能穩定下來。由上述的分析可知：（反應路徑1）的負電荷是集中在O原子上，而（反應路徑2）的負電荷是集中在C原子上，可以想見，（反應路徑1）才是最有可能發生的「主反應」(main reaction)，而（反應路徑2）則成為「副反應」（side reaction）。

〔例3-33〕：醇類(Alcohols)可從hydronium ion(H_3O^+)取得一個質子(H^+)。
以t-butylalcohol為例。

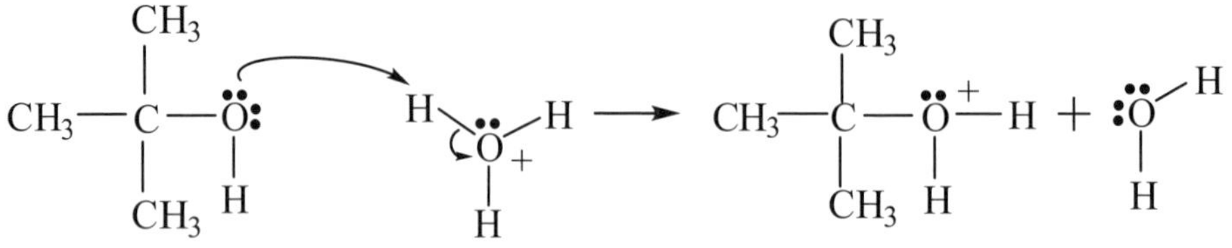

〔例3-34〕：上述〔例3-32〕－〔例3-33〕反應的逆反應，也可用[Type 7]
的反應機構描述。

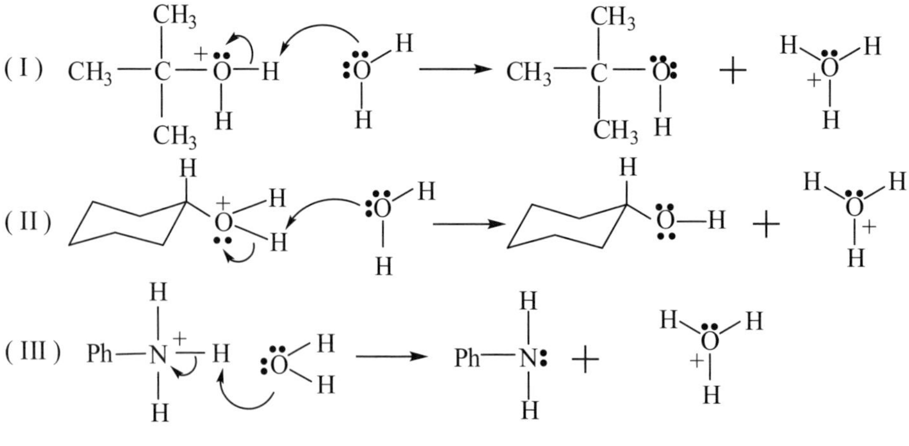

（Ⅰ）

（Ⅱ）

（Ⅲ）

〔例3-35〕：Epoxide可以從hydronium ion（H_3O^+）身上取得一個質子（H^+），
接著再和水分子作用，進行一系列反應。這些反應機構很簡
單，只要掌握前面介紹[Type 1]－[Type 7]的基本原則，便可迎
刃而解。

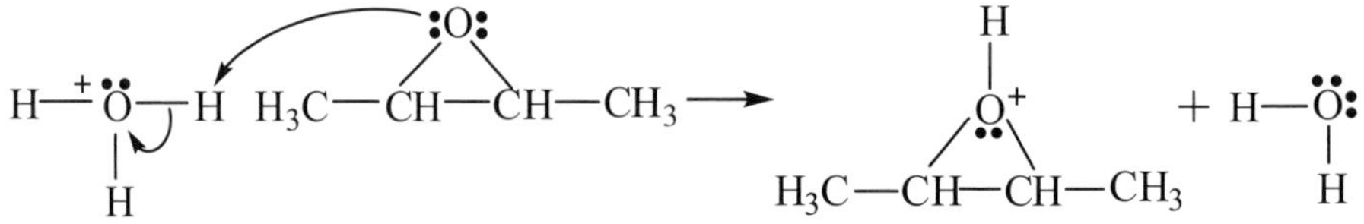

接著在和一個水分子作用：

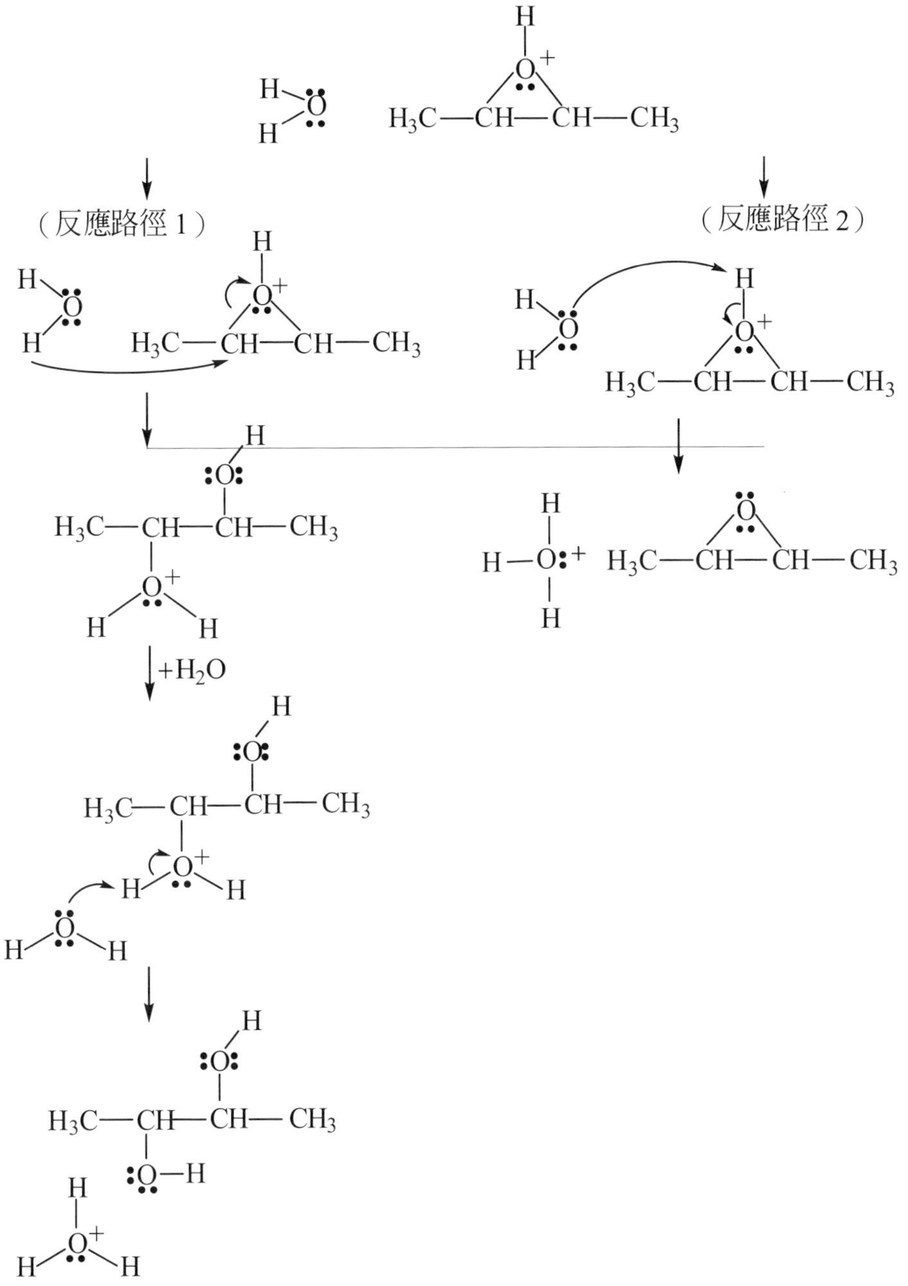

$$H_2O \qquad \overset{\overset{\displaystyle H}{|}}{O^+}$$

$$H_3C-CH-CH-CH_3$$

（反應路徑 1）

（反應路徑 2）

$+H_2O$

* 由此可見，（反應路徑2）的結果，仍得到原先的反應物epoxide。

  只有（反應路徑1），才會得到最終的產物。

  換言之，（反應路徑2）只可視為該反應的副反應（side reaction）。

【練習題】：

以下是化學鍵的斷裂與生成同時發生的相關反應。請提供箭頭或產物。

例 3-36

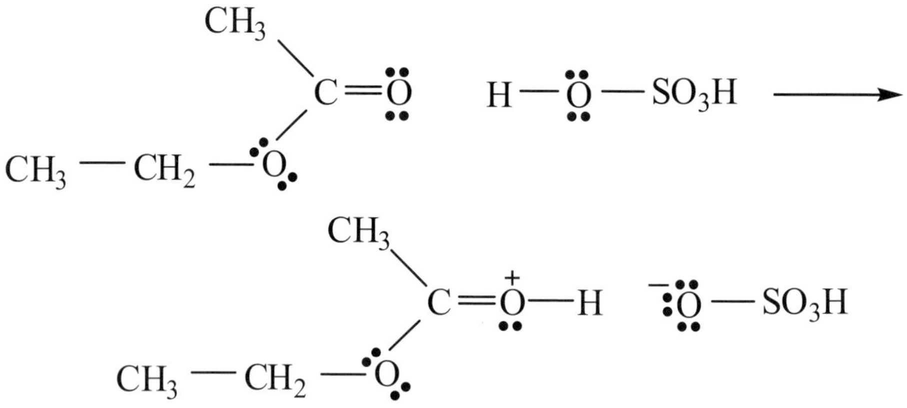

解

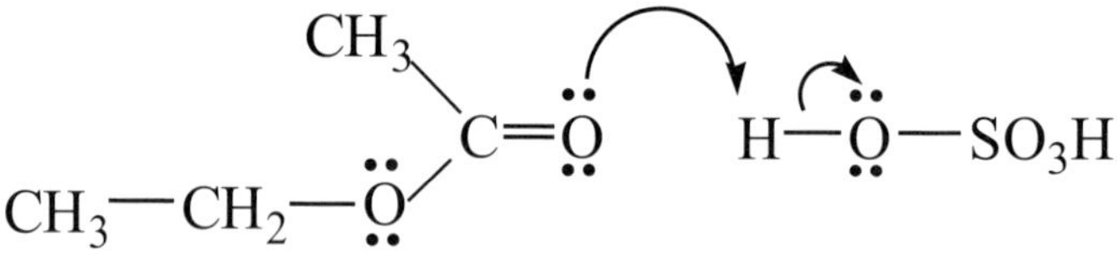

例 3-37

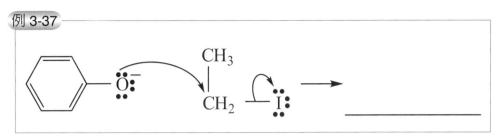

解

例 3-38

解

例 3-39

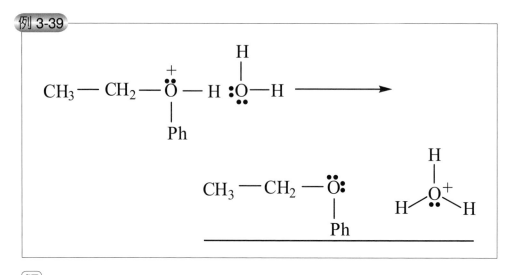

CH₃—CH₂—Ö⁺—H :Ö—H ⟶
                    | |
                    Ph   H

                    CH₃—CH₂—Ö: H
                              | |
                              Ph   H—Ö⁺—H

解

        CH₃—CH₂—⁺Ö—H   :Ö—H
                  | |
                  Ph   H

例 3-40

CH₃   H   H
   \   \   /
    C=Ö   Ö
   / |⁺
CH₃   H   ⟶

解

CH₃
   \
    C=Ö⁺—H   :Ö—H
   / |
CH₃   H

例 3-41

解

例 3-42

解

例 3-43

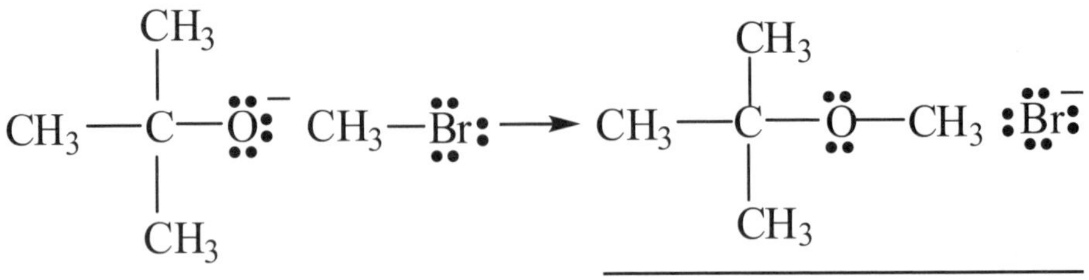

解

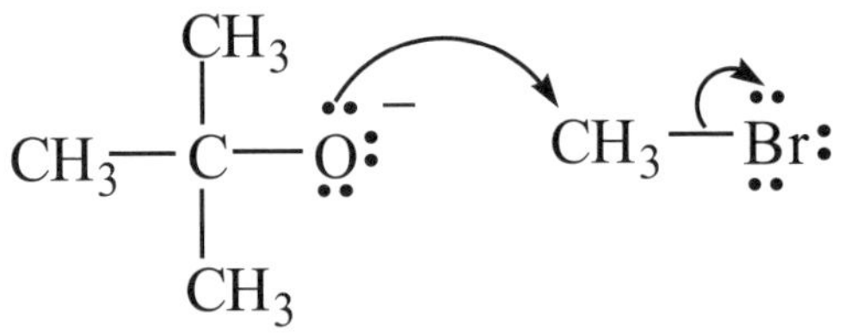

[Type 8]

說明：

（i）這是著名的「自由基」反應。也就是，剛開始有少數幾個自由基 X · 生成（此一過程稱爲initation），這些自由基立刻去攻擊其他的共價鍵（因爲自由基只含奇數電子，性質不安定，很想再去找其他的電子，湊成偶數個電子，以便成穩定下來。），結果造成C－H鍵斷裂，斷裂後的一個電子跟著H原子和X · 自由基鍵結，生成穩定的 H－X分子；另外一個斷裂電子繼續留在C原子身上，又造成一個新的自由基。這種自由基越造越多的現象，就稱爲propagation。

（ii）請注意，在[Type 8]反應中，主要是以單電子運動爲主，故其

箭頭是採用 ⌒ 或 ⌒ ，而不是 ⤻ 或

⤺ 。

〔例3-44〕：乙烷（Ethane）會和chlorine radical (Cl・) 作用，生成HCl及乙

烷自由基（ethyl radical）

$$CH_3-CH_2-H \quad \cdot\ddot{C}\ddot{l}\colon \longrightarrow CH_3-CH_3\cdot\ + H-\ddot{C}\ddot{l}\colon$$

- -

〔例3-45〕：Cyclohexane（C_6H_{12}）會和chlorine radical（Cl・）作用，生成

HCl及Cyclohexyl radical（$C_6H_{11}\cdot$）

$$\langle\text{環}\rangle\overset{H}{\underset{H}{\diagup}} \quad \cdot\ddot{C}\ddot{l}\colon \longrightarrow \langle\text{環}\rangle\cdot-H\ + H-\ddot{C}\ddot{l}\colon$$

- -

〔例3-46〕：Methyl radical（$CH_3\cdot$）會和bromine（Br_2）作用，生成

bromomethane（CH_3Br）及bromine radical（Br・）。

$$H_3C\cdot \quad \colon\ddot{B}r-\ddot{B}r\colon \longrightarrow H_3C-\ddot{B}r\colon\ + \cdot\ddot{B}r\colon$$

- -

〔例3-47〕：

$$Cl_3Si-H \quad \cdot\ddot{O}-\overset{\overset{\displaystyle\colon\ddot{O}\colon}{\|}}{C}-Ph \longrightarrow Cl_3Si\cdot\ + H-\overset{\overset{\displaystyle\colon\ddot{O}\colon}{\|}}{\ddot{O}}-C-Ph$$

〔例3-48〕：

$$H_3C - \overset{\overset{\displaystyle CN}{|}}{\underset{\underset{\displaystyle CH_3}{|}}{C}} \cdot \qquad H - SnR_3 \longrightarrow H_3C - \overset{\overset{\displaystyle CN}{|}}{\underset{\underset{\displaystyle CH_3}{|}}{C}} - H \ + \ \cdot SnR_3$$

【練習題】

請提供箭頭及產物於以下的反應式裏。

例 3-49

一個氯原子從丙烷取走一個氫原子，形成異丙基和氯化氫。

$$CH_3 - \overset{\overset{\displaystyle H}{|}}{\underset{\underset{\displaystyle CH_3}{|}}{C}} - H \quad \cdot \overset{..}{\underset{..}{Cl}}{:} \quad \longrightarrow \qquad \qquad + \ H - \overset{..}{\underset{..}{Cl}}{:}$$

_____

解

$$CH_3 - \overset{\overset{\displaystyle H}{|}}{\underset{\underset{\displaystyle CH_3}{|}}{C}} - H \quad \cdot \overset{..}{\underset{..}{Cl}}{:} \quad \longrightarrow \quad CH_3 - \overset{\overset{\displaystyle H}{|}}{\underset{\underset{\displaystyle CH_3}{|}}{C}} \cdot$$

例 3-50

一個溴原子從甲基苯取走一個氫原子，形成甲基苯基和溴化氫。

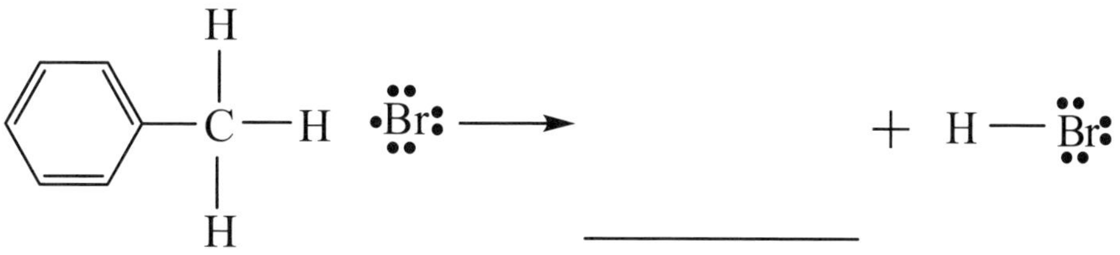

解

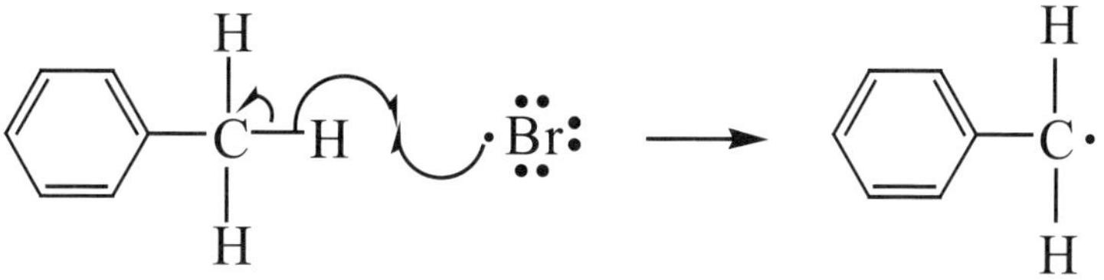

例 3-51

一個氯原子從丙烯取走一個氫原子，形成allyl基和氯化氫。

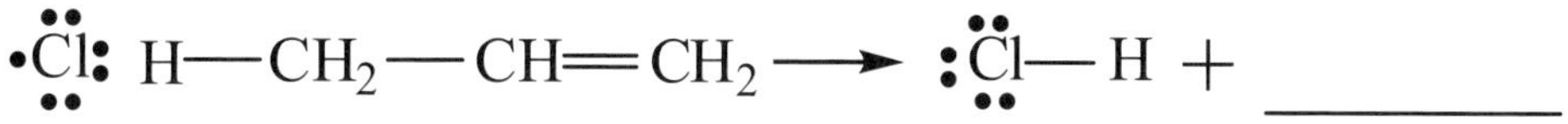

$$\cdot \ddot{C}l\text{:} \quad H—CH_2—CH=CH_2 \longrightarrow \text{:}\ddot{C}l—H \;+\; \underline{\qquad\qquad}$$

解

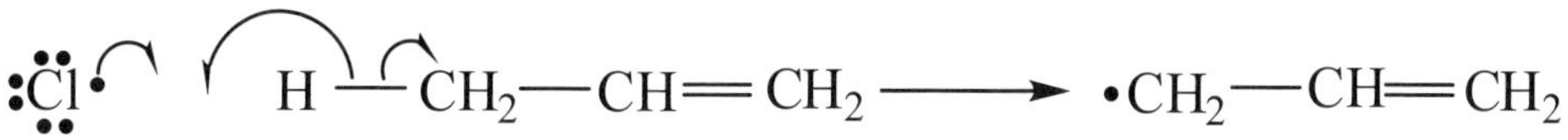

例 3-52

$$CH_2\!=\!CH_2\!-\!(CH_2)_3\!-\!CH_2\!-\!\ddot{\underset{\cdot\cdot}{Br}}\!: \quad \cdot SnR_3 \quad \longrightarrow$$

$$+$$

_____   _____

解

$$CH_2\!=\!CH_2\!-\!(CH_2)_3\!-\!CH_2\!-\!\ddot{\underset{\cdot\cdot}{Br}}\!:\!\cap\!\cdot SnR_3 \quad \longrightarrow$$

$$CH_2\!=\!CH_2\!-\!(CH_2)_3\!-\!\dot{C}H_2 \quad + \quad :\!\ddot{\underset{\cdot\cdot}{Br}}\!-\!SnR_3$$

例 3-53

$$\bigcirc\!-\!\ddot{\underset{\cdot\cdot}{I}}\!: \cdot SnR_3 \longrightarrow \qquad + $$

_____   _____

解

$$\bigcirc\!-\!\ddot{\underset{\cdot\cdot}{I}}\!:\!\cdot SnR_3 \longrightarrow \bigcirc\!\cdot + :\!\ddot{\underset{\cdot\cdot}{I}}\!-\!SnR_3$$

例 3-54

解

例 3-55

3.5 重排反應（**Rearrangements**）

[Type 9]

$$-\overset{|}{\underset{|}{C_2}}-\overset{+}{\underset{|}{C_1}}- \quad\longrightarrow\quad -\overset{+}{\underset{|}{C_2}}-\overset{|}{\underset{|}{C_1}}-$$

（Y 在 C₂ 上，以箭頭指向 C₁）

說明：

（ⅰ）「重排反應」是有機化學裏常見且重要的反應之一。正如上面反應機構所示：Y－C鍵斷裂，斷裂電子轉移到碳陽離子上（指C$_1$原子），留下一個新的碳陽離子（指C$_2$原子）。

（ⅱ）因為這樣的「重排反應」只在C$_1$和C$_2$原子間發生，故又稱為「1, 2-shift」反應。

（ⅲ）[Type 9]反應之所以會發生，是因為：想要產生更穩定的碳陽離子。已在前面提過，碳陽離子的穩定性大小：

$$R\rightarrow \overset{R}{\underset{R}{C}}{}^{\oplus} \;>\; R\rightarrow \overset{R}{\underset{H}{C}}{}^{\oplus} \;>\; H-\overset{R}{\underset{H}{C}}{}^{\oplus} \;>\; H-\overset{H}{\underset{H}{C}}{}^{\oplus}$$

$$3^{\circ} \qquad\qquad 2^{\circ} \qquad\qquad 1^{\circ}$$

根據上述的穩定性程度，我們可以合理推斷出「重排反應」的最後結果。

〔例3-56〕：t-Butyl cation 的「重排反應」。

$$CH_3-\underset{\underset{H}{|}}{\overset{\overset{CH_3}{|}}{C}}-\overset{+}{C}H_2 \longrightarrow H_3C-\underset{+}{\overset{\overset{CH_3}{|}}{C}}-\underset{\underset{H}{|}}{C}H_2$$

1°　　　　　　　　　　　　　3°

　　由上述反應可看出，原本是不穩定的1°碳陽離子，經重排反應後，變成為穩定的3°碳陽離子。

〔例3-57〕：2,3-Dimethyl-2-butyl cation的「重排反應」。

2°　　　　　　　　　　　　　3°

　　「1,2-shift」反應不只是H原子會轉移，如〔例3-56〕，CH₃基也會轉移（如本例）。它們之所以會進行「1,2-shift」，最單純的理由就是為了：能以最穩定的碳陽離子存活著。

〔例3-58〕：為了得到最穩定的碳陽離子，「重排反應」可能會有好幾種路徑出現（或是說會有好幾種產物生成），舉例如下：

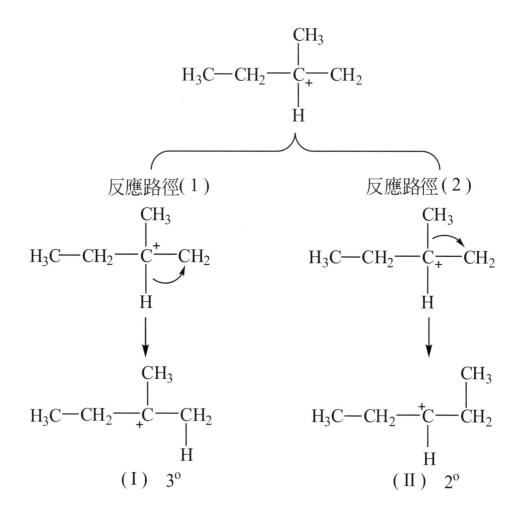

由上述反應機構可見，「重排反應」將朝反應路徑（1）方向
進行，因為它可產生穩定的3° 碳陽離子（即（I））。而反應
路徑（2）為副反應，（II）為副產物。

〔例3-59〕：

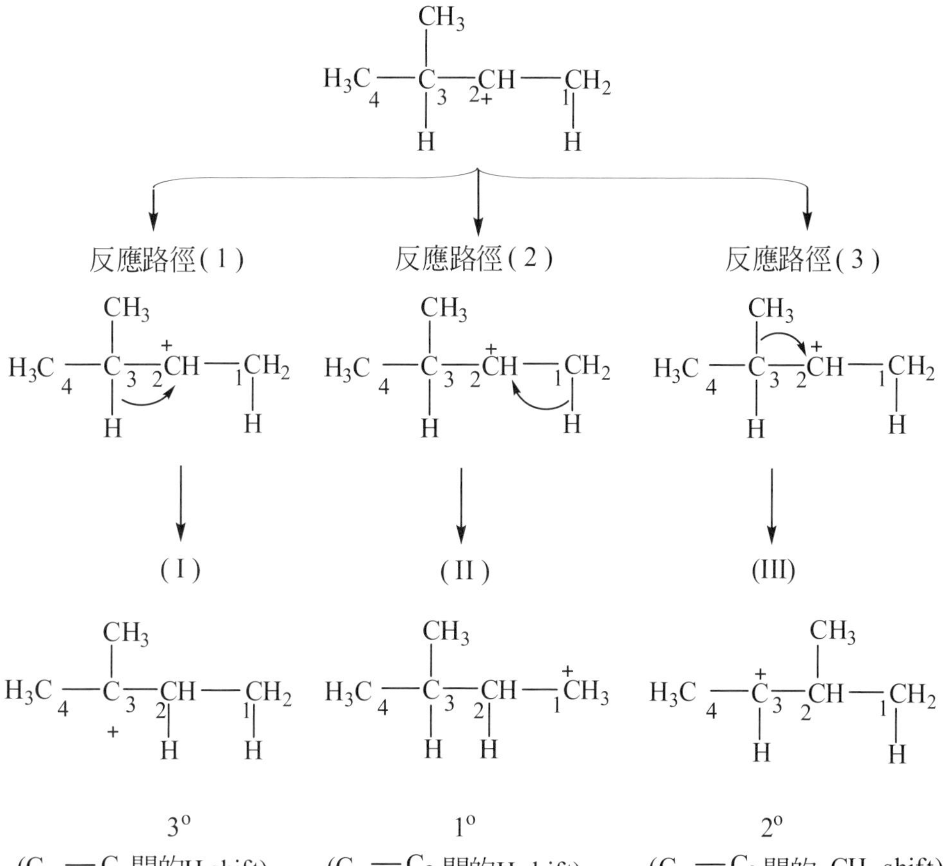

$$H_3C \underset{4}{-} \underset{3}{C} \underset{2+}{-CH} \underset{1}{-CH_2}$$

（上方 C_3 接 CH_3，C_3 接 H，C_1 接 H）

反應路徑（1）　　　反應路徑（2）　　　反應路徑（3）

（I）　　　　　　　（II）　　　　　　　（III）

3°　　　　　　　　　1°　　　　　　　　　2°

$(C_2 - C_3$ 間的H shift)　　$(C_1 - C_2$ 間的H shift)　　$(C_2 - C_3$ 間的 CH_3 shift)

　　從上述反應機構可見，該「重排反應」將朝反應路徑（1）方向進行，因爲它可產生最穩定的3°碳陽離子（即（I））。另外二個反應路徑（2）、（3）爲副反應，而（II）、（III）分別爲副產物。

〔例3-60〕：

$$
\begin{array}{c}
CH_3 \\
H_3C-\underset{\underset{\ddot{O}}{|}}{C}-\overset{+}{\underset{\underset{CH_3}{|}}{C}}-C_2H_5
\end{array}
$$

反應路徑（１）　　　　　　　　反應路徑（２）

$$
\begin{array}{c}
CH_3 \\
H_3C-\underset{\underset{\ddot{O}}{|}}{C}-\overset{+}{\underset{\underset{CH_3}{|}}{C}}-C_2H_5
\end{array}
\qquad
\begin{array}{c}
CH_3 \\
H_3C-\underset{\underset{\ddot{O}}{|}}{C}-\overset{+}{\underset{\underset{CH_3}{|}}{C}}-C_2H_5
\end{array}
$$

（Ⅰ）　　　　　　　　　　　　　（Ⅱ）

$$
\begin{array}{c}
CH_3 \\
H_3C-\overset{+}{\underset{\underset{\ddot{O}}{|}}{C}}-\underset{\underset{CH_3}{|}}{C}-C_2H_5
\end{array}
\qquad
\begin{array}{c}
CH_3\ CH_3 \\
H_3C-\underset{\underset{+}{|}}{C}-\underset{\underset{\ddot{O}}{|}}{C}-C_2H_5
\end{array}
$$

(1,2-methyl shift)　　　　　　　(1,2-hydroxy shift)

　　本反應會出現兩種可能路徑：反應路徑（１）是CH_3基轉移，而反應路徑（２）是OH基轉移。前者的產物（Ⅰ）中，因為OH基的O原子陰電性較C原子陰電性大，故會拉走C原子的電子，但這時C原子已帶正電荷，本身已缺電子，又被O原子拉電子，如此一來，會造成產物（Ⅰ）相當不穩定。反之，反應路徑（２）的產物（Ⅱ）是個穩定的3°碳陽離子。所以，本反應當然是以反應路徑（２）為主，反應路徑（１）為副反應罷了。

〔例3-61〕：碳環上也可以進行「重排反應」。

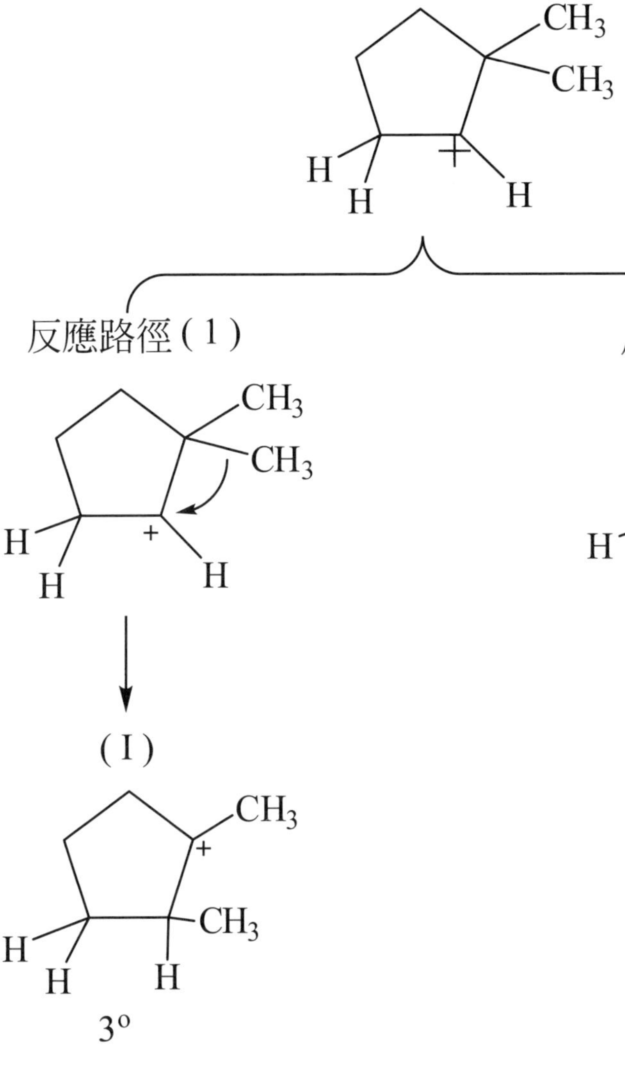

反應路徑（1）

反應路徑（2）

（Ⅰ）

（Ⅱ）

3°

2°

由上述反應機構可知：反應會朝產生穩定3°碳陽離子（Ⅰ）的反應路徑（1）方向進行。而反應路徑（2）為「副反應」。

〔例3-62〕：當碳陽離子旁有個phenyl基（C_6H_5基）存在時，則根據研究指出，phenyl基將會立刻進行1,2-shift。

$$H-\underset{CH_3}{\overset{Ph}{C}}-\overset{+}{CH}-Ph$$

反應路徑（1）	反應路徑（2）	反應路徑（3）

$$H-\underset{CH_3}{\overset{Ph}{C}}-\overset{+}{CH}-Ph$$ $$H-\underset{CH_3}{\overset{Ph}{C}}-\overset{+}{CH}-Ph$$ $$H-\underset{CH_3}{\overset{Ph}{C}}-\overset{+}{CH}-Ph$$

（Ⅰ）	（Ⅱ）	（Ⅲ）

$$H-\underset{CH_3}{\overset{+}{C}}-\underset{}{\overset{Ph}{CH}}-Ph$$ $$H-\underset{+}{\overset{Ph}{C}}-CH-Ph$$ $$\overset{+}{C}-CH-Ph$$

(1,2-phenyl shift)　　(1,2-methyl shift)　　(1,2-H shift)

就本反應而言，反應路徑（1）是1,2-phenyl shift，可得2°碳陽離子。

反應路徑（2）是1,2-methyl shift，可得2°碳陽離子。

反應路徑（3）是1,2-H shift，可得3°碳陽離子。

通常「轉移基」（migrating group）越大越不容易轉移，但phenyl基是個例外，phenyl基可以說是比任何烷基（alkyl group）都來得容易轉移。最容易轉移者是H原子，理由是它的尺寸最小、容易移動。

故轉移容易程度大小為：

$$H \;>\; C_6H_5基 \;>\; CH_3基 \;>\; C_2H_5基 \;>\; C_3H_7基 \;>\; \cdots$$

（或說phenyl）

又在本反應裡，反應路徑（3）的H原子是最容易轉移的，且可產生最穩定的3°碳陽離子，故為主要反應。又反應路徑（1）的phenyl基比反應路徑（2）的CH₃基來得容易轉移，且都生成2°碳陽離子。因此，本反應之反應路徑發生的可能性為：

反應路徑（3）＞ 反應路徑（1）＞ 反應路徑（2）

〔例3-63〕：

但根據〔例3-60〕的解釋，上述產物由於OH基在拉碳陽離子的電子，故不是很穩定。

〔例3-64〕：

本反應的反應路徑（1）是1,2-phenyl shift，生成3°碳陽離子（Ⅰ）；

　　　反應路徑（2）是1,2-H shift生成2°碳陽離子（Ⅱ）。

前者（Ⅰ）比後者（Ⅱ）來得穩定。

就「轉移基」而言，H原子比phenyl基來得容易轉移。故二因素比較的

結果，路徑（1）和路徑（2）二者發生的可能性皆很大，但通常以產

物穩定性爲決定反應方向的準則，故以反應路徑（1）最有可能發生。

〔例3-65〕：

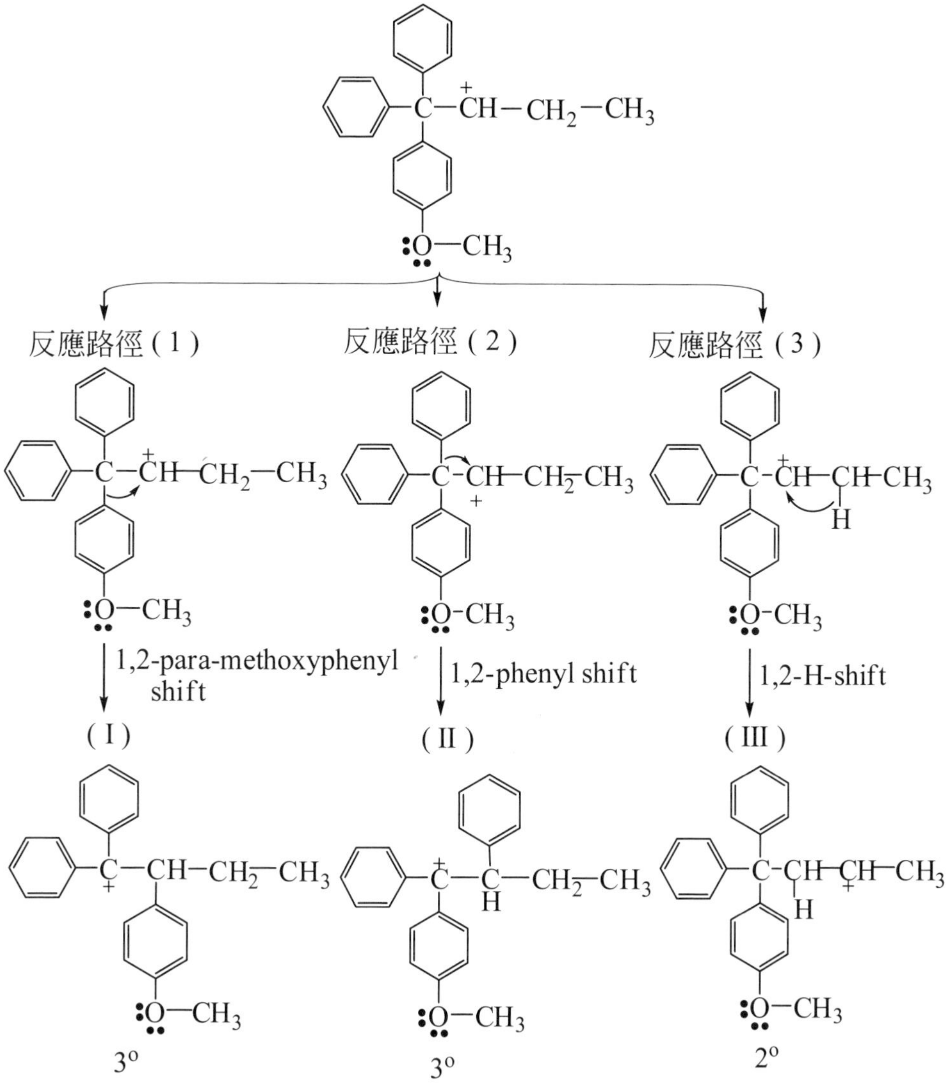

由本反應之反應機構推論來看，以反應路徑（1）和（2）最有可能發生（因為皆產生穩定的3°碳陽離子）。又已知para-methoxyphenyl基

（p-C$_6$H$_5$OCH$_3$）是屬於「推電子基」，有利於3°碳陽離子的生成。故本反應發生的可能性：

反應路徑（2）＞反應路徑（1）＞反應路徑（3）

〔例3-66〕：

　　由反應機構來推論：反應路徑（1）和（2）可產生穩定的3°碳陽離子，故較有可能發生。但已知para-chlorophenyl基（p-C$_6$H$_5$Cl）是個「拉電子基」，不利於3°碳陽離子的形成，故反應發生的可能性：

　　　　反應路徑（2）＞反應路徑（1）＞反應路徑（3）

【練習題】：

　　以下反應式被認為會進行1,2-shifts反應，請畫出最有可能出現的分子排列結構。

例 3-67

解

例 3-68

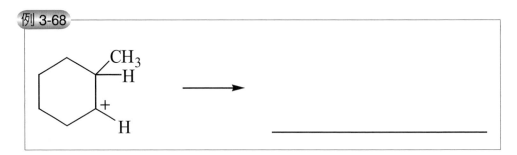

解

例 3-69

解

例 3-70

解

$$CH_3-C(C_6H_5)_3 \cdots \overset{+}{C}H-C(CH_3)_3 \longrightarrow$$

（三苯甲基碳陽離子經甲基遷移重排結構圖）

例 3-71

$$CH_3-\underset{\underset{CH_3}{|}}{\overset{\overset{CH_3}{|}}{C}}-\overset{+}{C}H-\underset{\underset{CH_3}{|}}{\overset{\overset{H}{|}}{C}}-H \longrightarrow \underline{\hspace{6cm}}$$

解

$$H_3C-\underset{\underset{CH_3}{|}}{\overset{\overset{CH_3}{|}}{C}}-\overset{+}{C}H-\underset{\underset{CH_3}{|}}{\overset{\overset{H}{|}}{C}}-H \longrightarrow H_3C-\underset{\underset{+}{\overset{|}{C}}}{\overset{\overset{CH_3}{|}}{C}}-CH-\underset{\underset{CH_3}{|}}{\overset{\overset{H}{|}}{C}}-H$$

例 3-72

解

[Type 10]

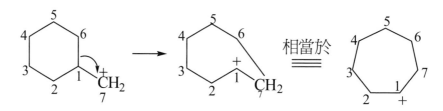

說明：

（i）本反應和[Tpye9]反應相類似，都是屬於1,2-shift。

（ii）在[Type 10]的反應機構可看到：碳陽離子（carbocation）是在環的<u>外面</u>。所以本反應之重排的結果，可造成一個新的環，且該新的環多了一個碳原子。

（iii）對於初學者而言，我們建議：只改變斷鍵和生成鍵的部分，其餘的分子骨架固定不變，等到「重排」結束後，再還原成一般人較熟悉的形式。

〔例3-73〕：

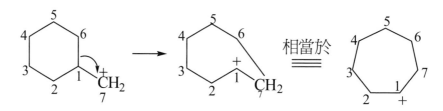

〔例3-74〕：

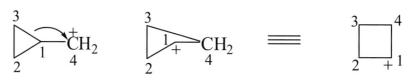

〔例3-75〕：

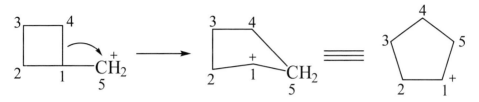

〔例3-76〕：

[Type 11]

$$CH_2 \quad \overset{C}{\underset{+C}{\diagup}} \longrightarrow CH_2 \quad \overset{+C}{\underset{C}{\diagup}}$$

說明：

（ⅰ）本反應和[Type 10]反應雖然都是1,2-shift。但該二反應最大不同之處在於：本反應的碳陽離子已存在於環內，所以重排後的結果，可造成一個新的環，且該新的環少了一個C原子。

（ⅱ）對於初學者而言，我們建議：只改變斷鍵和生成鍵的部分，其餘的分子骨架固定不變，等到「重排」結束後，再還原成一般人較熟悉的形式。

〔例3-77〕：

〔例3-78〕：

〔例3-79〕：

〔例3-80〕：

〔例3-81〕：

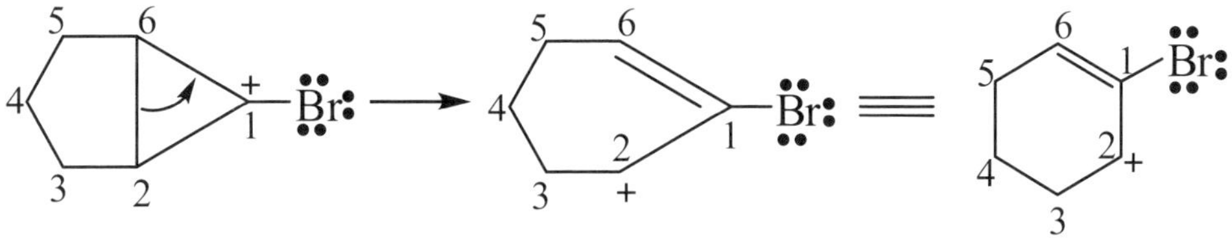

§3.6 製造環的反應：（Ring closures）

[Type 12]

說明：

在本單元所介紹的反應機構裡，請注意：

（i）初始物出現的原子幾乎也要在最後產物裡出現。

（ii）鍵的生成和斷裂要越少越好。

舉例來說，現在有一個反應式如下：

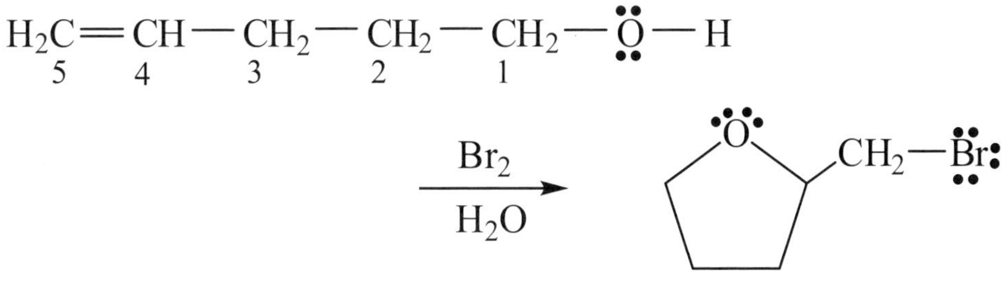

它的反應機構為：

(1)

$$\underset{5}{H_2C}=\underset{4}{CH}-\underset{3}{CH_2}-\underset{2}{CH_2}-\underset{1}{CH_2}-\overset{..}{\underset{..}{O}}-H \longrightarrow$$

$$:\overset{..}{\underset{..}{Br}}-\overset{..}{\underset{..}{Br}}:$$

$$CH_2-\overset{+}{CH}-CH_2-CH_2-CH_2-\overset{..}{\underset{..}{O}}-H$$

$$:\overset{..}{\underset{..}{Br}}:$$

(2)

$$\underset{5}{CH_2}-\overset{+}{\underset{4}{CH}}-\underset{3}{CH_2}-\underset{2}{CH_2}-\underset{1}{CH_2}-\overset{..}{\underset{..}{O}}-H \longrightarrow$$

$$:\overset{..}{\underset{..}{Br}}:$$

$$CH_2-CH-CH_2-CH_2-CH_2-\overset{+}{\underset{..}{O}}-H$$

$$:\overset{..}{\underset{..}{Br}}:$$

(3)

$$\underset{5}{CH_2}-\underset{4}{CH}-\underset{3}{CH_2}-\underset{2}{CH_2}-\underset{1}{CH_2}-\overset{+}{\underset{..}{O}}-H \equiv$$

$$:\overset{..}{\underset{..}{Br}}:$$

H—$:\overset{+}{\underset{..}{O}}$

$\underset{1}{CH_2}$ — $\underset{4}{CH}-\underset{5}{CH_2}-\overset{..}{\underset{..}{Br}}:$

$\underset{2}{CH_2}-\underset{3}{CH_2}$

(4)

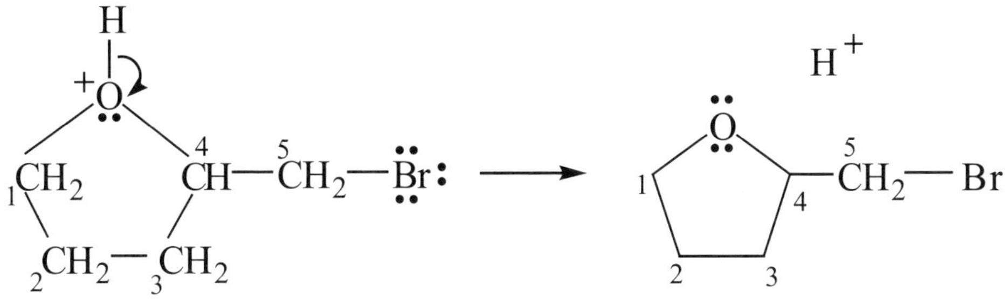

【練習題】：

　　以下是一些環閉合的反應。有些屬於「均勻分裂」的反應，有些則屬於「不均勻分裂」的反應。請提供箭頭及產物。若產物已給定，則請提供箭頭。

例 3-82

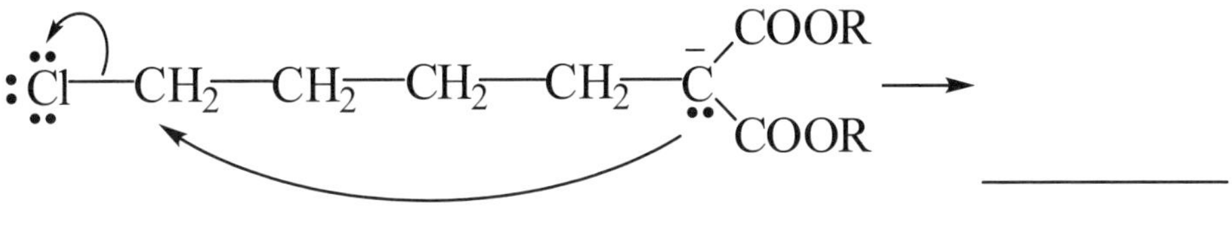

解

例 3-83

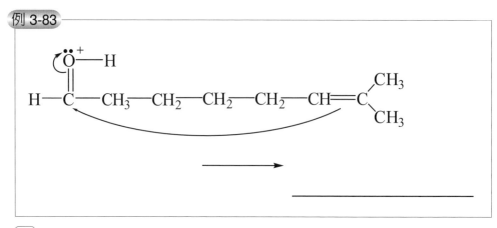

解

例 3-84

$$CH_2{=}CH{-}CH_2{-}CH_2{-}CH_2{-}\overset{\bullet}{CH_2} \longrightarrow$$

解

$$CH_2{=}CH{-}CH_2{-}CH_2{-}CH_2{-}\overset{\bullet}{CH_2}$$

例 3-85

$$CH_3 \quad C=CH-CH_2-CH_2-CH_2-\overset{\pm}{C} \quad CH_3 \atop CH_3$$

解

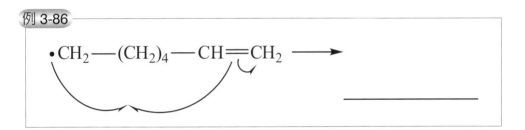

例 3-86

$$\cdot CH_2-(CH_2)_4-CH=CH_2 \longrightarrow$$

解

$$\overset{\cdot}{CH_2}$$

例 3-87

解

例 3-88

解

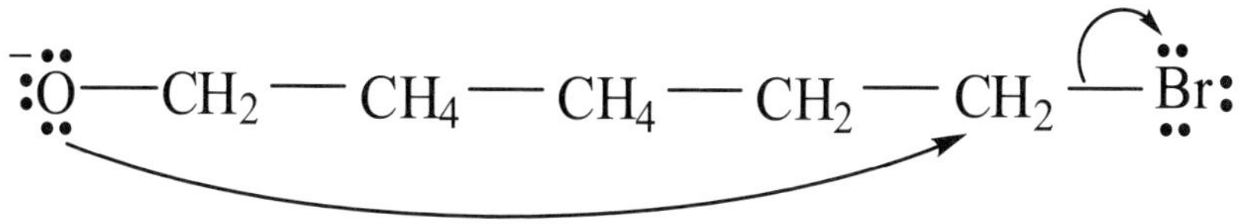
O
CH2
CH4
CH4
CH2
CH2
Br

例 3-89

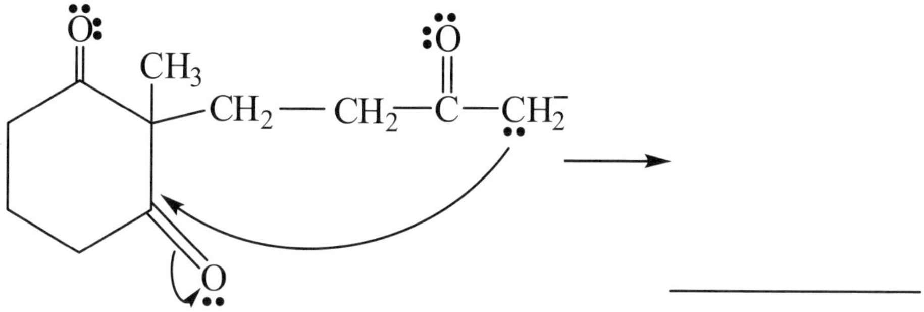
O
CH3
CH2
CH2
C
CH2
O
O

解

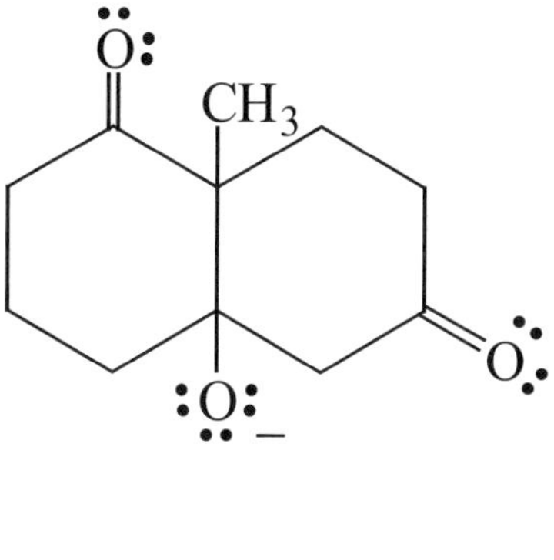
O
CH3
O
O

例 3-90

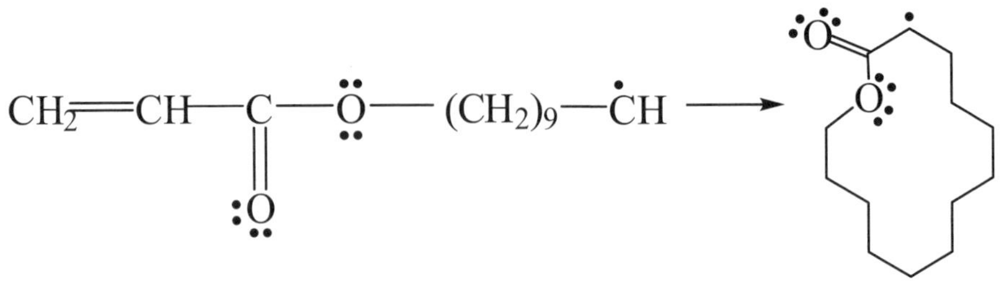

$$CH_2=CH-\overset{\overset{\displaystyle \cdot \cdot}{\|}}{\underset{\displaystyle :O:}{C}}-\overset{\cdot \cdot}{\underset{\cdot \cdot}{O}}-(CH_2)_9-\overset{\cdot}{C}H \longrightarrow$$

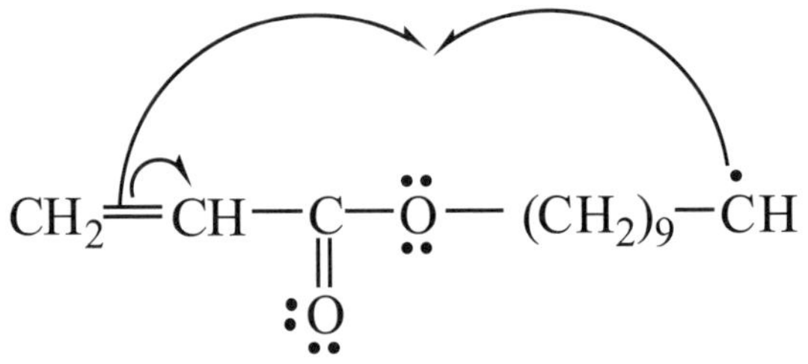

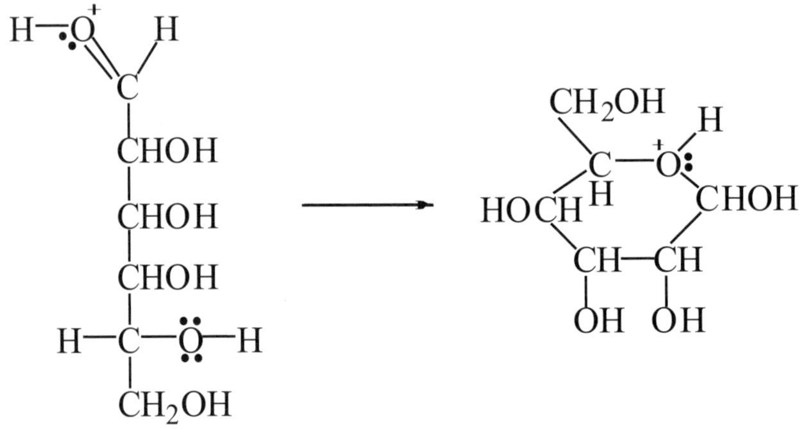

解

$$CH_2=CH-\overset{\overset{\displaystyle \cdot \cdot}{\|}}{\underset{\displaystyle :O:}{C}}-\overset{\cdot \cdot}{\underset{\cdot \cdot}{O}}-(CH_2)_9-\overset{\cdot}{C}H$$

例 3-91

解

$$
\begin{array}{c}
\text{H}-\overset{+}{\underset{\cdot\cdot}{\text{O}}} \quad \text{H} \\
\parallel \quad \diagup \\
\text{C} \\
\mid \\
\text{CHOH} \\
\mid \\
\text{CHOH} \\
\mid \\
\text{CHOH} \\
\mid \\
\text{H}-\text{C}-\overset{\cdot\cdot}{\underset{\cdot\cdot}{\text{O}}}-\text{H} \\
\mid \\
\text{CH}_2\text{OH}
\end{array}
$$

第四章　反應機構 (II)

§4.1 σ鍵生成且π鍵斷裂

（σ Bond Making and π Bond Breaking）

[Type 13]

說明：

（i）[Type 13]反應之所以能發生，是因為X的陰電性比C原子的陰電性大，故負電荷可集中在X原子上。

（ii）帶有負電荷的「親核劑」會去攻擊中心C原子，生成Nu－C鍵；為了滿足「八隅體」論，這時候的C含有4個單鍵（共8個電子），可以穩定了，於是C＝X的雙鍵（或說成 π 鍵）必須要斷裂，斷裂後的 π 鍵電子會往陰電性大的X原子方向移動，致使X原子多了一對「未共用電子對」，帶負電荷特性存在。

（iii）正如前面的〔原則三〕所說的：整個反應系統的總電荷必須守恆。所以反應式的左邊帶一個負電荷，反應式的右邊也必須帶一個負電荷。

〔例4-1〕：Hydroxide ion（OH^-）會和ethyl acetate（$CH_3COOC_2H_5$）作用。

$$CH_3 - \overset{\overset{\displaystyle \ddot{O}:}{\|}}{C} - \overset{\cdot\cdot}{\underset{\cdot\cdot}{O}} - CH_2 - CH_3 \longrightarrow CH_3 - \overset{:\overset{\cdot\cdot}{O}:^-}{\underset{\underset{\cdot\cdot}{\overset{\cdot\cdot}{O}}-H}{C}} - \overset{\cdot\cdot}{\underset{\cdot\cdot}{O}} - CH_2 - CH_3$$

$$\overset{-}{:}\overset{\cdot\cdot}{\underset{\cdot\cdot}{O}} - H$$

〔例4-2〕：Hydroxide ion 會和amide 作用。

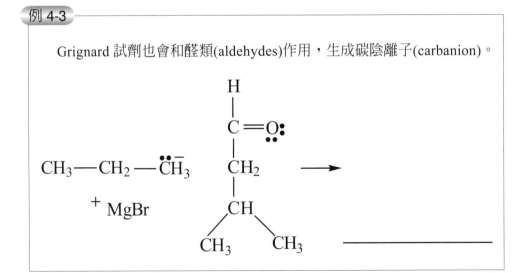

- -

【練習題】

例 4-3

Grignard 試劑也會和醛類(aldehydes)作用，生成碳陰離子(carbanion)。

$$CH_3 - CH_2 - \overset{\cdot\cdot}{C}\overset{-}{H_3}$$

$$+ MgBr$$

$$\underset{\displaystyle \underset{CH_3 \qquad CH_3}{\overset{|}{CH}}}{\overset{\displaystyle \overset{H}{\overset{|}{C}} = \overset{\cdot\cdot}{\underset{\cdot\cdot}{O}:}}{\underset{|}{\overset{|}{CH_2}}}} \longrightarrow \underline{\hspace{3cm}}$$

解

$$CH_3—CH_2—\overset{..}{\underset{-}{C}H_2} \quad \overset{H}{\underset{\underset{CH_3\quad CH_3}{\underset{|}{CH}}}{\underset{|}{\underset{|}{CH_2}}}}C\!=\!\overset{..}{\underset{..}{O}}\text{:} \quad \longrightarrow \quad CH_3—CH_2—CH_2—\overset{H}{\underset{\underset{CH_3\quad CH_3}{\underset{|}{CH}}}{\underset{|}{\underset{|}{CH_2}}}}C—\overset{..}{\underset{..}{O}}\text{:}^-$$

例 4-4

$$\overset{..}{N}\!\equiv\!\overset{..}{C}\text{:}^- \qquad \overset{R}{\underset{R}{\diagdown}}C\!=\!\overset{..}{\underset{..}{O}} \qquad \longrightarrow$$

_____

解

$$\overset{..}{N}\!\equiv\!\overset{..}{C}\text{:}^- \qquad \overset{R}{\underset{R}{\diagdown}}C\!=\!\overset{..}{\underset{..}{O}} \qquad \longrightarrow \qquad N\!\equiv\!C—\overset{..}{\underset{..}{\underset{|}{R}}{O}}\text{:}^-$$

$$\underset{R}{}$$

例 4-5

$$\bigcirc\!\!-\!C\!\equiv\!\overset{..}{N}\text{:} \qquad \longrightarrow$$

$$^-\text{:}\overset{..}{\underset{..}{O}}—H$$

_____

解

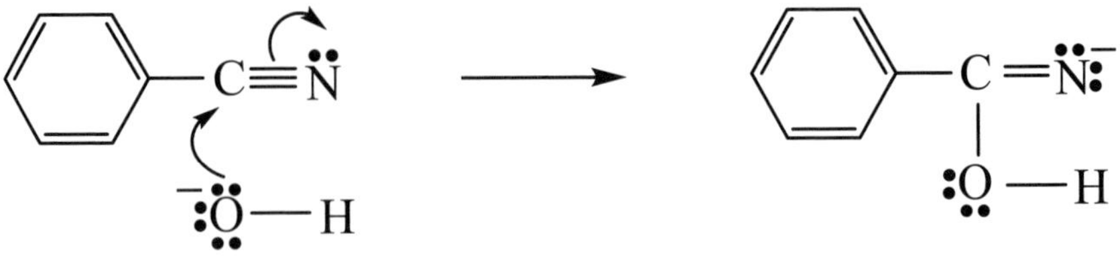

[Type 14]

說明：

（ⅰ）[Type 14]反應本質上和[Type 13]反應一樣。只是[Type 13]的「親核劑」帶負電荷 $Nu\!:^-$，且雙鍵系統 $>\!C\!=\!X$ 是中性的；而[Type 14]的「親核劑」只帶一對「未共用電子對」，不帶任何電荷，但雙鍵系統則帶有正電荷 $>\!C\!=\!X^+$。

（ⅱ）不要忘了，在此X原子的陰電性大於C原子的陰電性，因此X原子有能力接受一對「未共用電子對」。

〔例4-6〕：

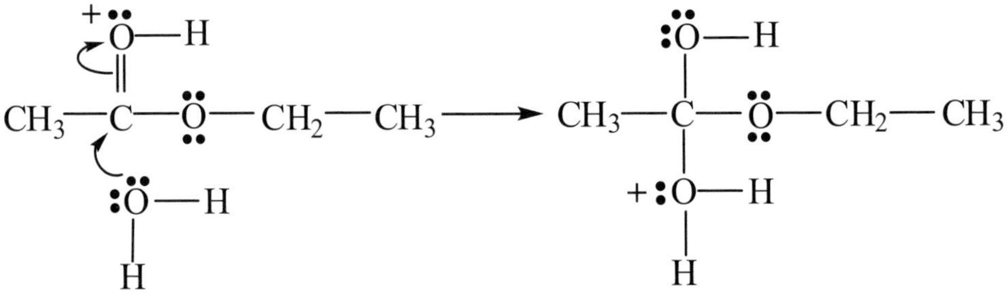

【練習題】

例 4-7

Nitriles（RCN）被酸化之後，成為 $RCNH^+$，可再和水作用。

(i)$Ph—CH_2—C \equiv N: \overset{\frown}{H^+} \longrightarrow Ph—CH_2—C \equiv \overset{+}{N}—H$

(ii)$Ph—CH_2—C \equiv \overset{+}{N}—H \longrightarrow$

$$\underset{H \quad\quad H}{:\overset{\cdots}{O}:}$$

＿＿＿＿＿＿＿

解

$$Ph—CH_2—C \equiv \overset{+}{N}—H \longrightarrow Ph—CH_2—C = \overset{\cdots}{N}—H$$

$$\underset{H \quad\quad H}{:\overset{\cdots}{O}:} \quad\quad\quad\quad \underset{H}{\overset{|}{H—\overset{+}{\underset{\cdots}{O}}:}}$$

例 4-8

醛類（RCHO）被酸化後，成為 $RCHOH^+$，可和醇類（R'OH）作用。

$$CH_3—CH_2—\overset{\cdots}{\underset{|}{O}}: \quad\quad \underset{Ph}{\overset{H}{C}} = \overset{+}{\underset{\cdots}{O}}—H \longrightarrow$$

＿＿＿＿＿＿＿

解

$$CH_3-CH_2-\overset{\cdot\cdot}{\underset{|}{O}}\cdot \quad \begin{matrix} H \\ \diagdown \\ \underset{Ph}{\diagup}C=\overset{+}{\underset{\cdot\cdot}{O}}-H \end{matrix} \longrightarrow$$

$$CH_3-CH_2-\overset{\cdot\cdot}{\underset{H}{O}}-\overset{+}{\underset{Ph}{C}}-O-H$$

[Type15]

$$E^+\quad -C\!\!=\!\!Z \longrightarrow E-\overset{|}{\underset{|}{C}}-Z^+$$

說明：

（i）[Type 15]反應和前面[Type 7]－[Type 14]反應最大不同之處：在於本反應的「Lewis鹼」是指雙鍵系統 $>C=Z$，而「Lewis酸」是指「親電子劑」(electrophile)E^+。所謂「親電子劑」，顧名思義，就是喜歡電子的試劑，通常它本身帶有一個正電荷，寫爲E^+。

（ii）[Type 15]反應之所以會發生，原因在於：Z原子的陰電性和C原子的陰電性一樣、或甚至更小，如此一來，在反應完成後，正電荷就會座落在Z原子上。

（iii）在[Type 15]的反應機構中，$C=Z$ 的π鍵斷裂，π電子跑去攻擊「親電子劑」E^+，生成 $E-C$ 鍵，而留下一個正電荷在Z原子上。

（iv）正如前面的〔原則三〕所說的，整個反應系統的總電荷必須守恆。

所以反應式的左邊帶一個正電荷，而反應式的右邊也帶一個正電

荷。

〔例4-9〕：Benzene會和t-butyl cation作用。

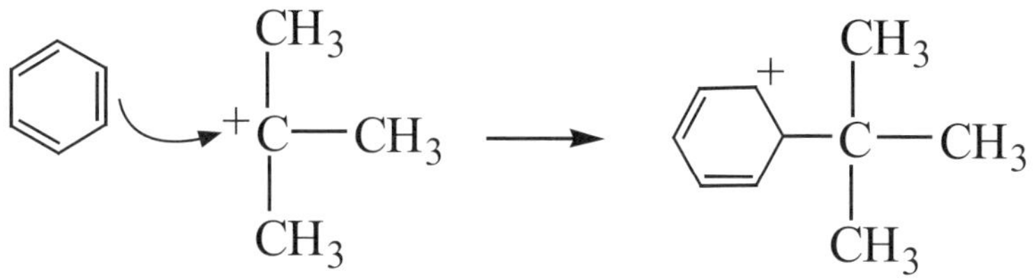

〔例4-10〕：p-xylene會和isopropyl cation 作用。

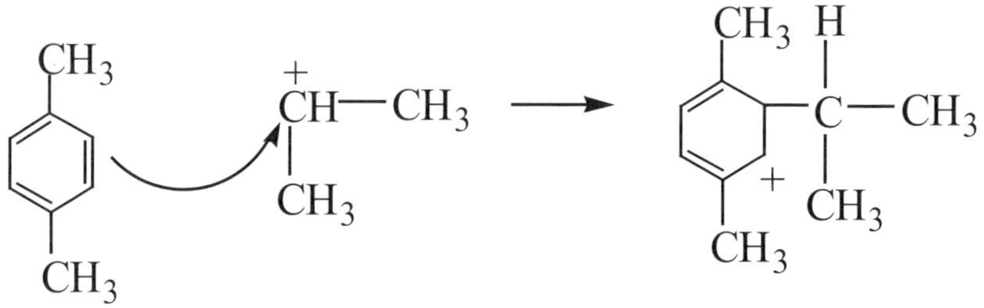

〔例4-11〕：2-Methylpropene會和t-butyl cation作用，會生二種產物。

（1）

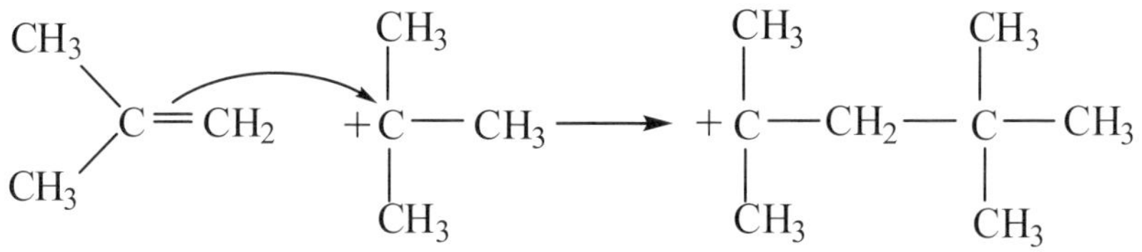

（I）

或

（2）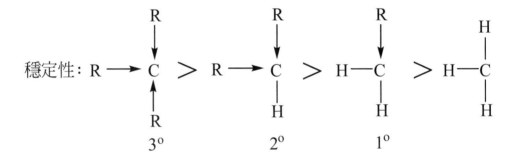

* 從反應機構中，我們推知該反應會有兩種產物出現（即(I)和(II)）。
  至於何種產物較為穩定，則必須看中心碳陽離子周圍的「推電子基」
  （electrondonating group）的多寡而定。

* 眾所皆知，烷基（alkyl group）是屬於「推電子基」。「推電子基」越多
  者，提供的電子越多，可以沖淡中心碳陽離子的正電荷，使之得以穩定存
  在。由此可以想見：3°碳的穩定性＞2°碳的穩定性＞1°碳的穩定性。即

【注意】：

〔例4-11〕裏反應的（I）產物屬3°碳陽離子，（II）產物屬於1°碳陽離子。
所以（I）產物最穩定，反應最有可能進行。而（II）產物屬於「副產物」
（side products）。

〔例4-12〕：2-Butene會和質子（H$^+$）作用。

$$H_3C—CH = CH—CH_3 \longrightarrow H_3C—\overset{+}{C}H—CH—CH_3$$

同理，假設有一烯類（alkene）和質子（H$^+$）作用，則可能有二種產物：

（1）

$$CH_3—\underset{\underset{H^+}{|}}{\overset{\overset{CH_3}{|}}{C}} = \overset{\overset{H}{|}}{C}—CH_3 \longrightarrow CH_3—\underset{\overset{|}{H}}{\overset{\overset{CH_3}{|}}{C}}—\overset{\overset{H}{|}}{\underset{+}{C}}—CH_3 \quad (I)$$

（2）

$$CH_3—\underset{\underset{H^+}{|}}{\overset{\overset{CH_3}{|}}{C}} = \overset{\overset{H}{|}}{C}—CH_3 \longrightarrow CH_3—\underset{+}{\overset{\overset{CH_3}{|}}{C}}—\overset{\overset{H}{|}}{\underset{\overset{|}{H}}{C}}—CH_3 \quad (II)$$

【注意】：由以上反應機構推知，會有(I)和(II)二種產物出現。其中，(I)產物屬於2°碳陽離子，(II)產物屬於3°碳陽離子，由於3°碳陽離子較2°碳陽離子穩定，故可知：(II)的穩定性＞(I)的穩定性。所以反應最有可能朝反應路徑（2）進行，而反應路徑（1）是個「副反應」，也就是所得(I)產物是「副產物」。

〔例4-13〕：

(1) (I)

(2) (II)

【注意】：由以上反應機構可以推知：會有(I)和(II)二種產物出現。其中(I)
屬於3°碳陽離子，(II)屬於2°碳陽離子，由此可知：(I)穩定性
＞(II)的穩定性。所以反應最有可能朝反應路徑（1）進行，而反
應路徑（2）是「副反應」，所得產物是「副產物」。

§4.2 π鍵生成且σ鍵斷裂
（π Bond Making and σ Bond Breaking）

[Type 16]

$$Nu-\overset{|}{\underset{|}{C}}-\overset{..}{Z}{}^{-} \longrightarrow \overset{..}{Nu}{}^{-} \quad \overset{}{\underset{}{>}}C=Z$$

說明：

（i）事實上，[Type 16]反應就是[Type 13]反應的逆反應。

（ii）[Type 16]反應之所以會發生，是因為Nu基（親核劑）及Z原子的陰電性都比C原子的陰電性大。以至於Nu－C鍵斷裂後，2個斷鍵電子會跟隨陰電性大的Nu基離開，造成Nu基帶著一對「未共用電子對」及負電荷離去（Nu:⁻）。

　另一方面，由於Z的陰電性較C的陰電性大，所以Z原子可以多擁有一對「未共用電子對」（所以帶電荷，成為:Z⁻）。現在Nu－C鍵斷掉，且Nu帶著2個斷鍵電子離開，造成C原子缺電子，於是Z的2個未共用電子，轉移成C＝Z雙鍵的π電子。從另一角度來看，Z原子在此扮演著調節電子供需平衡的角色。

（iii）請注意，依據前面的〔原則三〕，整個反應系統的總電荷是守恆的。

〔例4-14〕：

(1) $H_3C-\overset{\cdot\overset{-}{O}\cdot}{\underset{\cdot\overset{\cdot\cdot}{O}-H}{C}}-\overset{\cdot\cdot}{O}-CH_2-CH_3 \longrightarrow H_3C-\overset{\overset{\cdot\cdot}{O}\cdot}{C}-\overset{\cdot\cdot}{O}-CH_2-CH_3$
$\overset{-}{\cdot\overset{\cdot\cdot}{O}}-H$

注意：上述（1）反應正是〔例4-1〕的逆反應。它也有可能進行（2）反
應。

(2) $H_3C-\overset{\cdot\overset{\cdot\cdot}{O}\cdot}{\underset{\cdot\overset{\cdot\cdot}{O}-H}{C}}-\overset{\cdot\cdot}{O}-CH_2-CH_3 \longrightarrow H_3C-C \quad \overset{-}{\cdot\overset{\cdot\cdot}{O}}-CH_2-CH_3$
$\overset{\cdot\cdot}{\underset{\cdot\cdot}{O}}-H$

換言之，Hydroxide（OH^-）和ethyl acetate（$CH_3COOC_2H_5$）作用，可得以
下之反應式：

$\overset{\cdot\cdot}{\cdot\overset{\cdot\cdot}{O}}H^- \quad + \quad H_3C-\overset{\overset{\cdot\overset{\cdot\cdot}{O}\cdot}{\cdot}}{C}-\overset{\cdot\cdot}{O}-CH_2-CH_3 \Longleftrightarrow$

$H_3C-\overset{\cdot\overset{-}{O}\cdot}{C}-\overset{\cdot\cdot}{O}-CH_2-CH_3$
$\overset{}{O}-H$
$\downarrow$

$H_3C-\overset{\overset{O}{\|}}{C}-O-H \quad + \quad \overset{-}{\cdot\overset{\cdot\cdot}{O}}-CH_2-CH_3$

〔例4-15〕：

[Type 17]

說明：

（i）事實上，[Type 17]反應是[Type 14]反應的逆反應。

（ii）[Type 17]反應之所以會發生，是因為Nu基及X原子的陰電性較C陰
電性大，故X原子在此扮演著調節電子供需平衡的角色。（類似解
說見上述[Type 16]）。

（iii）注意：反應式的兩邊總電荷必然守恆。

〔例4-16〕：

〔例4-17〕：

$$R-\overset{\overset{\textstyle R}{|}}{\underset{\overset{\textstyle |}{R}}{C}}-\overset{\overset{\textstyle \ddot{O}-H}{}}{\underset{\overset{\textstyle |}{H}}{\overset{+}{O}}}-CH_3 \longrightarrow R-\overset{\overset{\textstyle \overset{+}{O}-H}{\|}}{\underset{\overset{\textstyle |}{R}}{C}} + \overset{O-CH_3}{\underset{H}{|}}$$

[Type 18]

$$E-\overset{\overset{\textstyle |}{\underset{\textstyle |}{C}}}{}-Z^+ \longrightarrow E^+ \quad \diagup\!\!\!\diagdown C=Z$$

說明：

（ i ）[Type 18]反應是[Type 15]反應的逆反應。

（ ii ）[Type 18]反應發生在〝脫質子（H^+）〞的反應。

〔例4-18〕：

$$\text{（環）} \overset{+}{\underset{}{}}\diagup H \quad \overset{H}{\underset{\ddot{Cl}:}{}} \longrightarrow \text{（環）} \diagup H \quad \underset{\ddot{Cl}:}{} + H^+$$

〔例4-19〕：

$$\overset{H}{\underset{H}{}}\!\diagdown\!\overset{+}{C}-\ddot{O}\!\diagup\!\overset{H}{} \longrightarrow \overset{H}{\underset{H}{}}\!\diagdown\! C=\ddot{O}$$

這是因為O－H的O原子陰電性較H原子陰電性大，故O－H鍵上的電子雲大多集中在O原子上，使得O－H的H原子幾乎沒有電子，如此一來，O－H鍵會比C－H鍵來得容易斷裂。

〔例4-20〕：

〔例4-21〕：

本反應會有二種反應路徑發生，但都生成同一產物。

〔例4-22〕:

本反應會有二種反應路徑發生，可得不同產物：

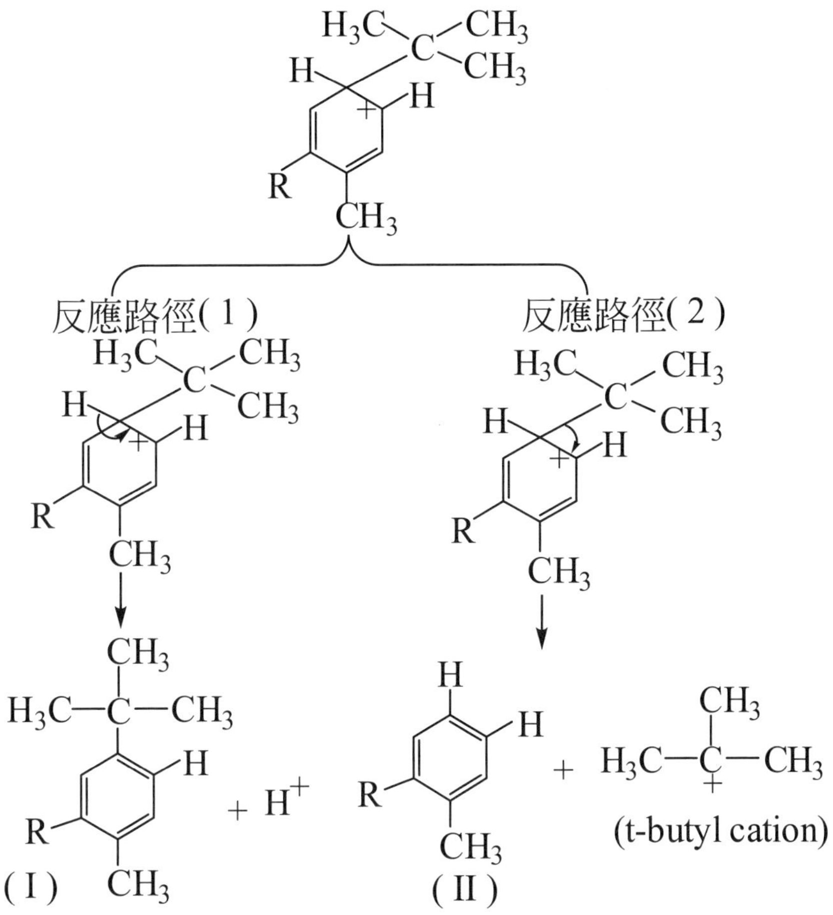

反應路徑(１)

反應路徑(２)

（Ⅰ）

（Ⅱ）

＋ H⁺

＋ H₃C－C－CH₃ (t-butyl cation)

就反應性而言，上述二種反應路徑的發生可能性皆一樣，這是因為在(II)產物裡，t-butyl cation是屬於3°碳陽離子，是屬於穩定型的碳陽離子。

〔例4-23〕：

$$H_3C-CH-\overset{+}{CH}-CH_3 \longrightarrow H_3C-CH=CH-CH_3$$
$$\underset{H}{|} \qquad\qquad\qquad\qquad H^+$$

〔例4-24〕：

$$H_3C-\overset{\overset{CH_3}{|}}{\underset{+}{C}}-CH_2-\overset{\overset{CH_3}{|}}{\underset{\underset{CH_3}{|}}{C}}-CH_3$$

反應路徑 (1)   反應路徑 (2)

$$H_2C-\overset{\overset{CH_3}{|}}{\underset{\underset{H}{|}}{\underset{+}{C}}}-CH_2-\overset{\overset{CH_3}{|}}{\underset{\underset{CH_3}{|}}{C}}-CH_3 \qquad H_3C-\overset{\overset{CH_3}{|}}{\underset{+}{C}}-CH-\overset{\overset{CH_3}{|}}{\underset{\underset{CH_3}{|}}{C}}-CH_3$$
$$\qquad\qquad\qquad\qquad\qquad\qquad\qquad\qquad\underset{H}{|}$$

↓   ↓

$$H_2C=\overset{\overset{CH_3}{|}}{C}-CH_2-\overset{\overset{CH_3}{|}}{\underset{\underset{CH_3}{|}}{C}}-CH_3 \qquad H_3C-\overset{\overset{CH_3}{|}}{C}=CH-\overset{\overset{CH_3}{|}}{\underset{\underset{CH_3}{|}}{C}}-CH_3$$
$$\underset{H^+}{} \qquad\qquad\qquad\qquad\qquad\qquad H^+$$

(2,2,4-trimethyl-1-pentene)   (2,4,4-trimethyl-2-pentene)
（Ⅰ）   （Ⅱ）

換言之，根據反應機構的推論，本反應會出現(I)和(II)之二種產物，都是屬於3°碳陽離子。但以(II)的穩定性較(I)穩定性大，理由是：(II)的雙鍵周圍有「烷基」（alkyl group）存在，它可以保護雙鍵不受外來異類分子的攻擊。所以反應路徑(2)是主要反應，而反應路徑(1)是副反應。

【練習題】：

以下反應式裏，若已提供產物分子，則寫出正確的轉移箭頭。反之，若已提供箭頭，則請寫出正確的產物分子。

例 4-25

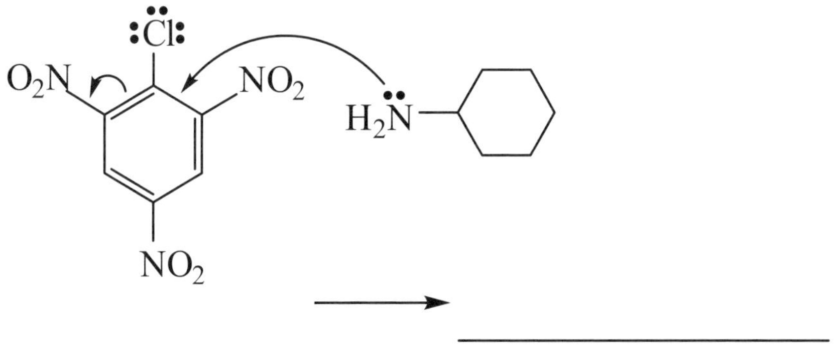

解

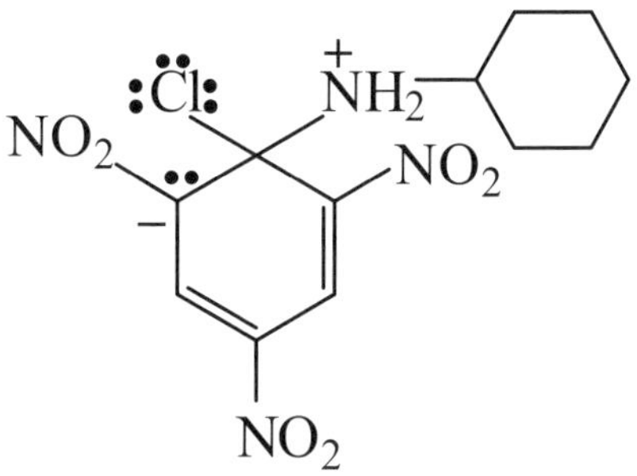

例 4-26

解

例 4-27

解

例 4-28

解

或

例 4-29

解

例 4-30

解

例 4-31

解

例 4-32

解

例 4-33

解

例 4-34

解

例 4-35

解

例 4-36

解

例 4-37

解

第五章 反應機構 (III)

§5.1 σ鍵均勻生成和π鍵均勻斷裂

在有些反應系統裡，自由基可和π鍵分子作用，使得雙鍵斷裂，加添新的基團在原先雙鍵系統上。

例如：Hydrogen bromide以自由基形式，加在2-butene上。

$$\text{Br}-\text{H} \quad \cdot\ddot{\text{O}}-\overset{\displaystyle :\ddot{\text{O}}:}{\underset{\displaystyle \parallel}{\text{C}}}-\text{Ph} \longrightarrow \cdot\ddot{\text{Br}} \;+\; \text{H}-\ddot{\text{O}}-\overset{\displaystyle :\ddot{\text{O}}:}{\underset{\displaystyle \parallel}{\text{C}}}-\text{Ph}$$

又如：Bromine radical（Br・）會攻擊2-butene的π鍵，使得1個未配對電子（unpaired electron）留在C原子，成爲新的自由基。

$$\text{H}_3\text{C}-\text{CH}{=}\text{CH}-\text{CH}_3 \longrightarrow \text{H}_3\text{C}-\underset{\displaystyle :\ddot{\text{Br}}:}{\text{CH}}-\overset{}{\text{C}}\text{H}-\text{CH}_3$$
$$:\ddot{\text{Br}}\cdot$$

接著上述的自由基再去攻擊H－Br，取走一個H・後，生成2-bromobutane產物及另一個新的Br・。

$$\text{H}_3\text{C}-\underset{\displaystyle :\ddot{\text{Br}}:}{\text{CH}}-\text{CH}-\text{CH}_3 \quad \text{H}-\ddot{\text{Br}}: \longrightarrow \text{H}_3\text{C}-\underset{\displaystyle :\ddot{\text{Br}}:}{\text{CH}}-\underset{\displaystyle \text{H}}{\text{CH}}-\text{CH}_3 \quad \cdot\ddot{\text{Br}}:$$

〔例5-1〕：如同上面例子，我們再以cyclohexene和Br・自由基作用：

(a)

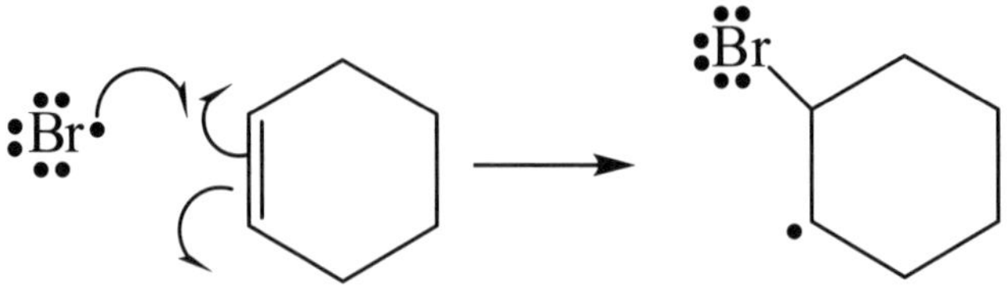

接著上述的C自由基在和H－Br作用，生成：

(b)

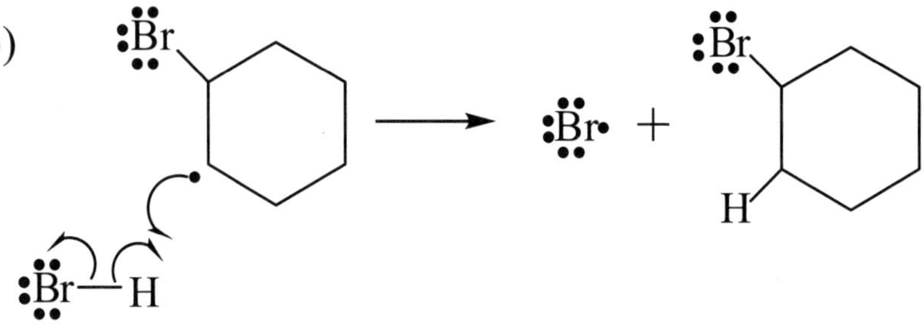

〔例5-2〕：同上述例子，我們也以1-propene和Br・自由基作用：

(a) $CH_2=CH-CH_3 \longrightarrow CH_2-CH-CH_3$

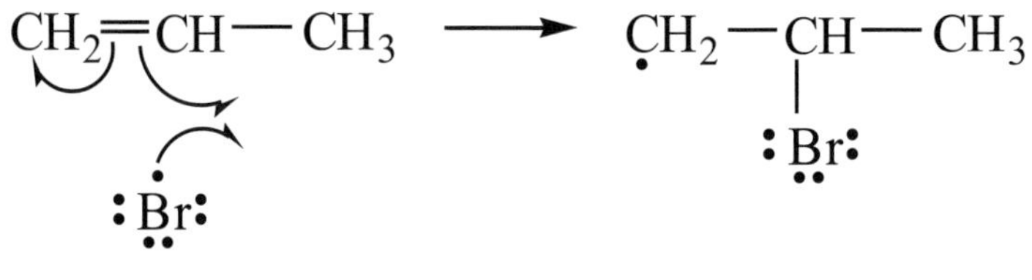

(b) $CH_2=CH-CH_3 \longrightarrow CH_2-CH-CH_3$

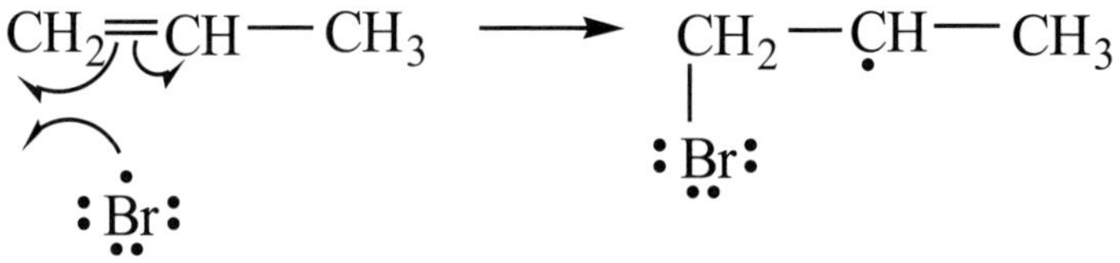

【練習題】：

例 5-3

$$Cl_3Si \cdot \quad CH_2 = CH - CH_2 \overset{CH_4}{\underset{CH_4}{<}} \longrightarrow$$

_____ 請提供箭頭 _____

解

$$Cl_3Si \cdot \quad CH_2 = CH - CH \overset{CH_3}{\underset{CH_3}{<}} \longrightarrow$$

$$Cl_3Si - CH_2 - \overset{\bullet}{C}H - CH \overset{CH_3}{\underset{CH_3}{<}}$$

例 5-4

碳基加入到C=C的雙鍵上。

 $CH_2 = CH - CN \longrightarrow$

_____ 請提供箭頭 _____

解

$$CH_2 = CH - CN \longrightarrow CN - \overset{\bullet}{C}H - CH_2$$

例 5-5

$$Cl_3C \bullet \quad CH_2 = CH - CH_2 - CH_2 - CH_3 \longrightarrow \underline{\hspace{3cm}}$$

解

$$Cl_3C - CH_2 - \overset{\bullet}{C}H - CH_2 - CH_2 - CH_3$$

例 5-6

（a）一個自由基將攻擊C＝S之雙鍵。

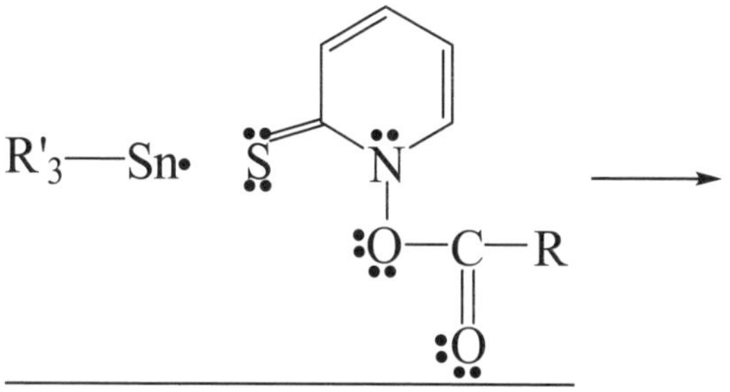

請提供箭頭

（b）

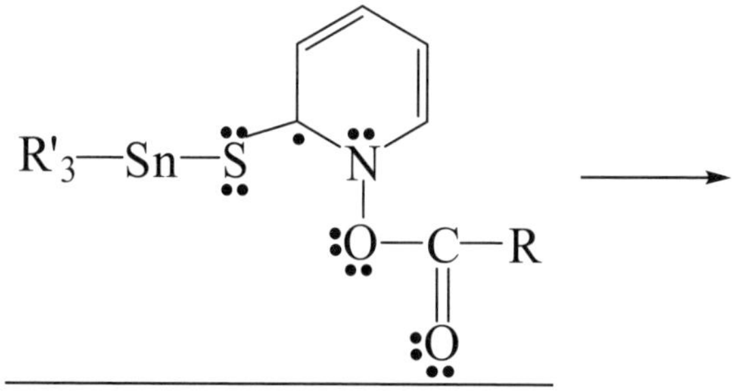

請提供箭頭

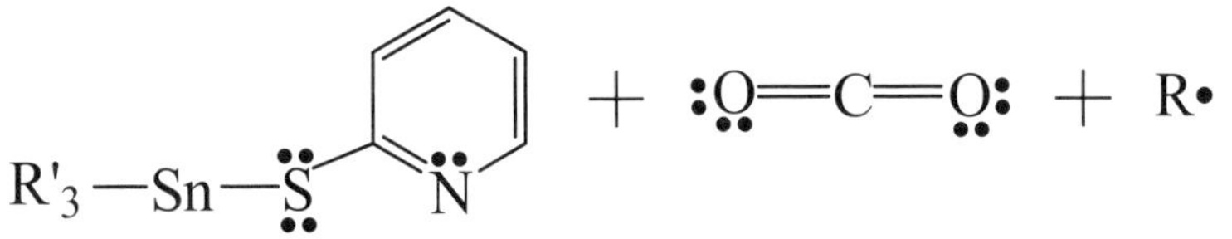

$$R'_3{-}Sn{-}\ddot{S}{-}\text{(2-pyridyl)} \;+\; \ddot{:}O{=}C{=}O\ddot{:} \;+\; R\bullet$$

解

(a)

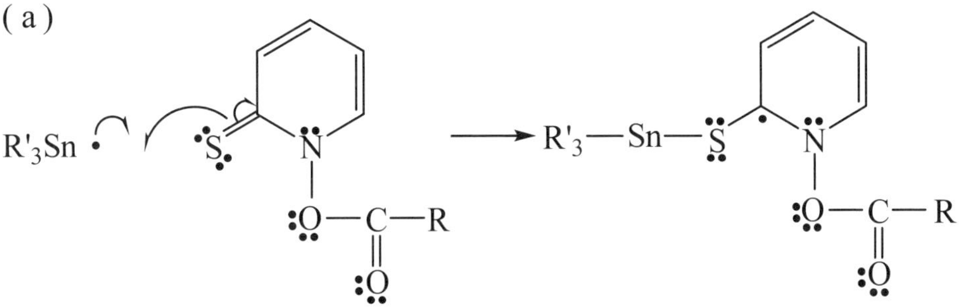

$$R'_3Sn\,\bullet \quad \ddot{:}\ddot{S}{=}\text{(pyridyl-}N\text{-}O{-}C({=}O){-}R) \longrightarrow R'_3{-}Sn{-}\ddot{S}{-}\text{(pyridyl-}N\text{-}O{-}C({=}O){-}R)$$

(b)

$$R'_3{-}Sn{-}\ddot{S}{-}\text{(pyridyl-}N\text{-}O{-}C({=}O){-}R)$$

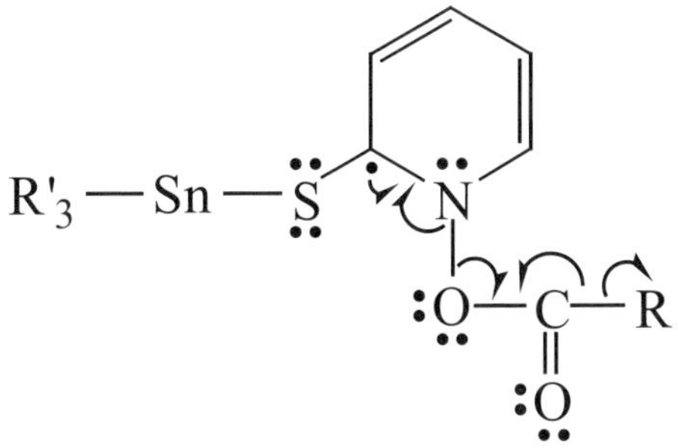

§5.2 較為複雜的反應機構（Complex Mechanisms）

[Type 19]

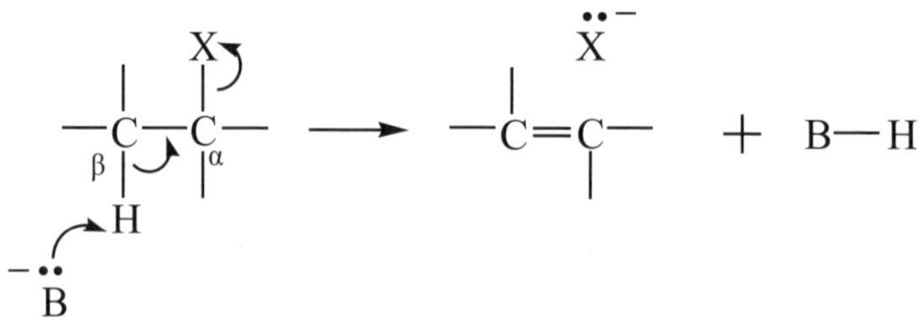

說明：

（ i ）此乃著名的「E2 eliminiation」反應。該反應中的每一個化學鍵的斷裂或生成，假設皆同時發生。

（ ii ）[Type 19]反應中的B:－和X原子的陰電性皆比C的陰電性來得大。

（iii）在[Type 19]反應機構裡，:B－是個「Lewis鹼」，會去攻擊H原子，生成一個B－H鍵，且有個C(β)－H鍵斷裂，斷裂電子轉移成C＝C間的 π 電子，又同時有個C(α)－X鍵斷裂，斷裂電子流向陰電性大的X原子，使得X帶著一對「未共用電子對」及負一價離開。

〔例5-6〕：2-Bromobutane可以和hydroxide ion（OH⁻）作用，形成 2-butane.

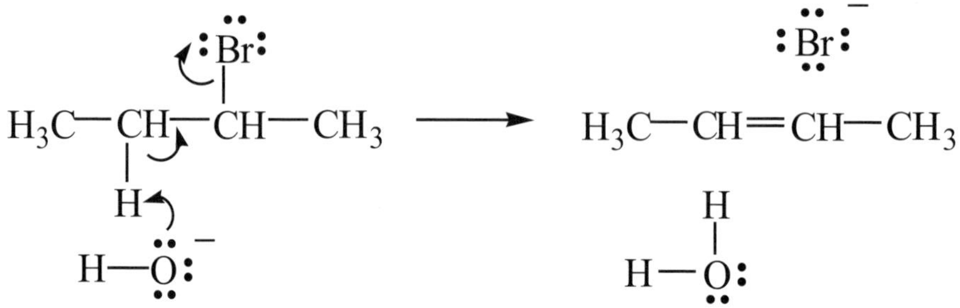

〔例5-7〕：Ethoxide（$C_2H_5O^-$）可以和t-butyl chloride作用。

〔例5-8〕：E2 elimination可使環內生成一個雙鍵。

〔例5-9〕：有一種有機反應，稱為「Hofmann elimination」，表示如下：

〔例5-10〕：用Hofmann elimination方法，也可使環內生成一個雙鍵。

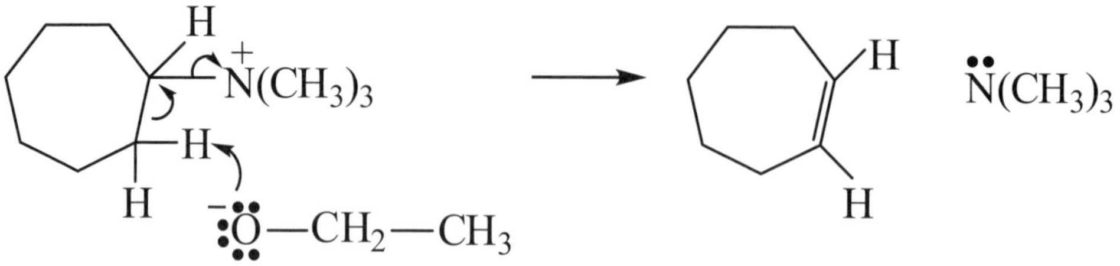

〔例5-11〕：Hofmann elimination也可是個打開環的有效反應。

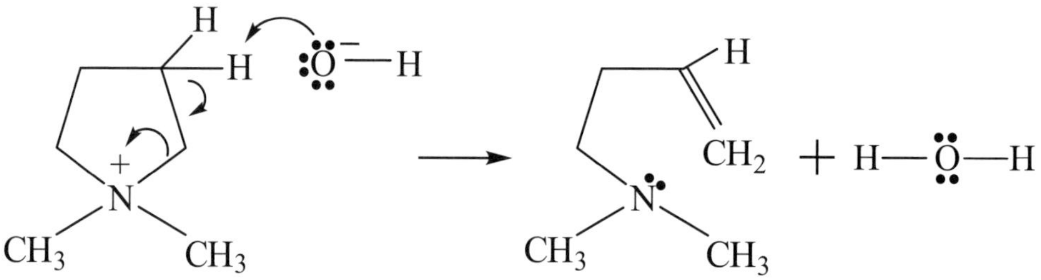

[Type 20]

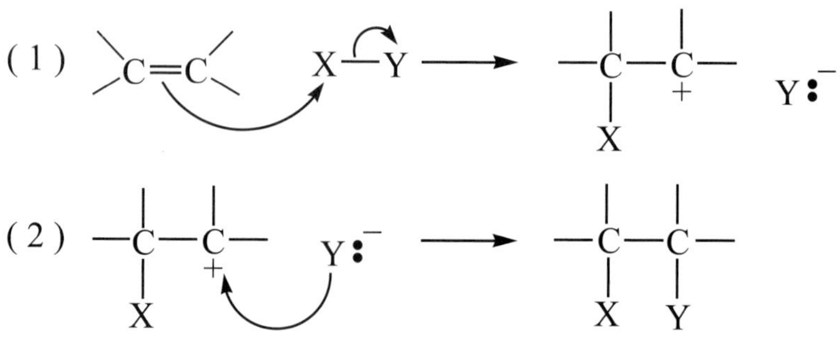

（1）

（2）

說明：

（i）當C＝C雙鍵和雙原子分子作用時，雙鍵會先斷裂，2個 π 電子會
去攻擊雙原子分子X－Y，造成X－Y鍵斷裂，斷裂後的2個電子隨
著Y一起離去，此乃（1）之反應機構。

接著Y:⁻帶著「未共用電子對」去攻擊C－C上的碳陽離子，最後

生成烯類的XY加成反應。

（ii）如同前面的反應機構一樣，[Type 20]的反應機構從頭到尾都是

「Lewis酸＋Lewis鹼 ⟶ 中性分子」反應的翻版而已。

〔例5-12〕：

〔例5-13〕：

為什麼不是雙鍵斷裂，使得 π 電子先去和I原子鍵結呢？

這是因為I的陰電性較H的陰電性大，所H－I鍵斷裂後，斷裂電子會跟

隨著I一起離開，留下H⁺和C原子鍵結，形成碳陽離子。

〔例5-14〕：

〔例5-15〕：可以想見，若C＝C雙鍵不是個對稱系統，那麼它和X－Y的加

　　　　　成反應，將導致二種不同的產物。例如：

（1）$\overset{3}{C}H_3-\overset{2}{C}H=\overset{1}{C}H_2 \longrightarrow CH_3-\overset{+}{C}H-CH_2$

$H-\ddot{\underset{\cdot\cdot}{C}l}\colon$

$CH_3-CH-CH_2$

（Ⅰ）

（2）$\overset{3}{C}H_3-\overset{2}{C}H=\overset{1}{C}H_2 \longrightarrow CH_3-CH-\overset{+}{C}H_2$

$H-\ddot{\underset{\cdot\cdot}{C}l}\colon$

$CH_3-CH-CH_2$

（Ⅱ）

　　由於反應路徑（1）可導致2°碳陽離子的產生；而反應路徑（2）則產

生1°碳陽離子，根據先前分析指出：前者會比後者穩定性大，故反應會朝反

應路徑（1）來進行，且（Ⅰ）爲主要產物；相反的，反應路徑（2）是副反

應，而（Ⅱ）爲副產物。

〔例5-16〕：

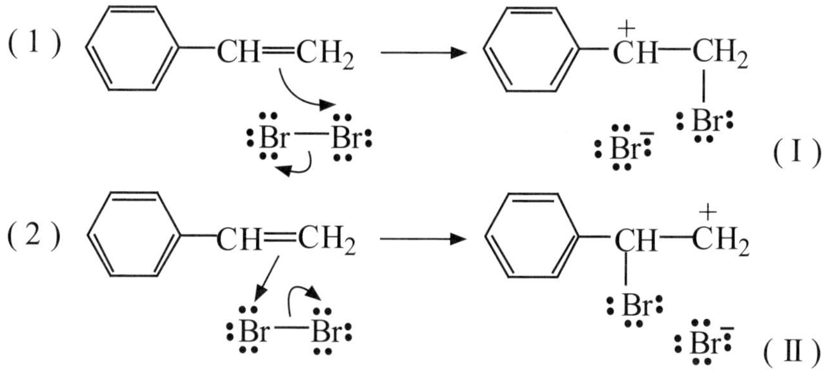

(1)

(2)

在本例中，雖然不論是反應路徑（1）或（2），最後的產物都是一樣的，但反應路徑（1）可導致2°碳陽離子，而反應路徑（2）則產生1°碳陽離子，根據前面分析指出：前者會比後者來得穩定，故我們推得：本反應將朝反映路徑（1）的方向進行。

〔例5-17〕：

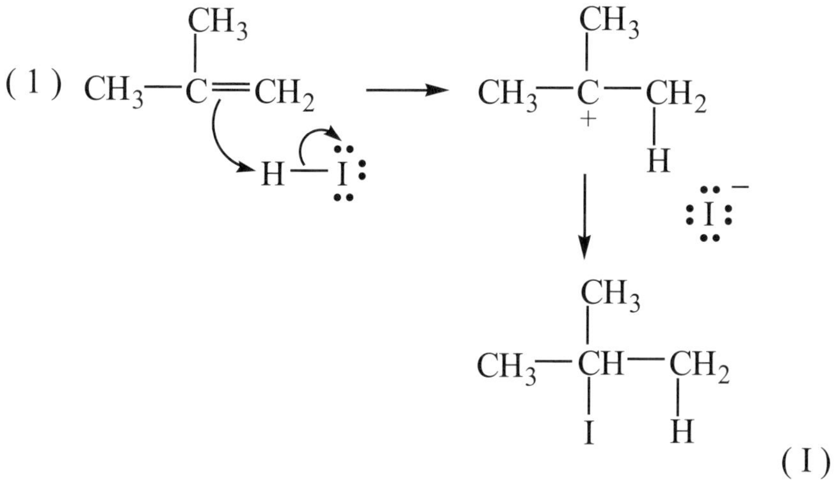

(1)

（2）

（II）

同理，反應路徑（1）可導致3°碳陽離子的產生；而反應路徑（2）則產生1°碳陽離子，根據前面分析指出：前者會比後者穩定性大，故反應會朝反應路徑（1）來進行，且（I）為主要產物；反之，反應路徑（2）是副反應，且（II）是副產物。

【練習題】：

以下是有機化學反應式裏的某些反應機構。若已提供箭頭，請寫出其正確產物。若已提供產物，則請寫出其正確轉移箭頭。

例 5-18

解

例 5-19

解

$$\overset{\cdot\cdot}{HO\cdot\cdot}\quad H\qquad \overset{\cdot\cdot}{:O}-H$$

$$CH_3-\overset{|}{\underset{|}{C}}-\overset{|}{\underset{\cdot\cdot}{O}_+}-CH_2-CH_3$$

$$H-\overset{\cdot\cdot}{\underset{\cdot\cdot}{O}}$$

$$H-\overset{\cdot\cdot}{\underset{|}{O}}{}^+-H$$

例 5-20

$$CH_2-H\quad :\overset{H}{\underset{\cdot\cdot}{O}}-H \qquad\qquad \overset{CH_2}{\parallel}\quad H-\overset{+}{\underset{\cdot\cdot}{O}}-H$$

$$CH_3-\overset{|}{\underset{|}{C}}_+ \qquad\longrightarrow\qquad CH_3-\overset{\parallel}{\underset{|}{C}}$$

$$CH_3 \qquad\qquad\qquad CH_3$$

解

$$H_2C-H\;\leftarrow\;\overset{H}{\underset{\cdot\cdot}{\cdot\cdot}}$$

$$CH_3-\overset{|}{\underset{|}{C}}{}^+ \qquad :\overset{\cdot\cdot}{\underset{\cdot\cdot}{O}}-H$$

$$CH_3$$

例 5-21

解

例 5-22

解

例 5-23

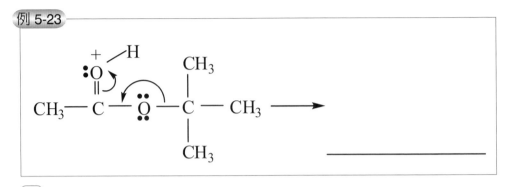

解

例 5-24

解

$$H-\overset{\displaystyle H}{\underset{\displaystyle H}{\overset{|}{\underset{|}{O}}}} \!:\ \oplus$$

$$Ph-\overset{\displaystyle :\!\overset{..}{O}\!:}{\underset{\displaystyle |}{\overset{||}{\underset{H}{C}}}}\!\!\ominus\!\!-\overset{\displaystyle \overset{..}{N}}{\underset{\displaystyle \oplus}{}}\!-Ph$$

$$:\!\overset{..}{\underset{\displaystyle |}{O}}\!-H$$
$$\underset{\displaystyle H}{}$$

國家圖書館出版品預行編目資料

有機化學的反應機構論／蘇明德著. －－三
版.－－臺北市：五南, 2018.09
　　面；　公分
ISBN 978-957-11-9922-1 (平裝)
1.有機化學　2.化學反應
460.31　　　　　　　　　107014702

5BD2

有機化學的反應機構論

作　　　者 ― 蘇明德（419.2）

發 行 人 ― 楊榮川

總 經 理 ― 楊士清

主　　　編 ― 王正華

責任編輯 ― 金明芬

封面設計 ― 簡愷立、姚孝慈

出 版 者 ― 五南圖書出版股份有限公司

地　　　址：106台北市大安區和平東路二段339號4樓

電　　　話：(02)2705-5066　　傳　　真：(02)2706-6100

網　　　址：http://www.wunan.com.tw

電子郵件：wunan@wunan.com.tw

劃撥帳號：01068953

戶　　　名：五南圖書出版股份有限公司

法律顧問　林勝安律師事務所　林勝安律師

出版日期　2014年4月二版一刷
　　　　　　2018年9月三版一刷

定　　　價　新臺幣360元